游戏动漫开发系列

三维场景设计与制作

张敬 谌宝业 廖志高 编著

清华大学出版社
北京

内 容 简 介

　　本书全面讲述了三维场景设计与制作的方法和技巧，概括性地介绍了三维场景制作的基本流程和规范，重点讲解了室内外主体场景、道具及特殊物件等模型的制作技巧，系统地介绍了场景灯光设置及高级渲染在产品开发中的应用，特别是对当前比较流行的VR渲染高模场景的制作技巧进行了详细的讲解。本书通过列举实例，引导读者加强对三维场景模型设计和制作流程规范的理解，使读者具备各种三维模型制作的理论及实践能力，能够胜任3D场景设计和制作的相关岗位。

　　本书可作为大中专院校艺术类相关专业和游戏培训班学员的教材，也可作为游戏美术工作者的参考资料。

图书在版编目（CIP）数据

三维场景设计与制作/张敬，谌宝业，廖志高编著. — 北京：清华大学出版社，2017（2022.1重印）
（游戏动漫开发系列）
ISBN 978-7-302-45716-9

Ⅰ．①三… Ⅱ．①张… ②谌… ③廖… Ⅲ．①三维动画软件 Ⅳ．①TP391.414

中国版本图书馆CIP数据核字（2016）第288794号

责任编辑：张彦青
封面设计：谌建业
责任校对：文瑞英
责任印制：沈　露

出版发行：清华大学出版社
　　　　　网　　址：http://www.tup.com.cn，http://www.wqbook.com
　　　　　地　　址：北京清华大学学研大厦A座　　邮　　编：100084
　　　　　社 总 机：010-62770175　　　　　　　　邮　　购：010-62786544
　　　　　投稿与读者服务：010-62776969，c-service@tup.tsinghua.edu.cn
　　　　　质量反馈：010-62772015，zhiliang@tup.tsinghua.edu.cn
　　　　　课件下载：http://www.tup.com.cn，010-62791865
印 装 者：涿州汇美亿浓印刷有限公司
经　　销：全国新华书店
开　　本：190mm×260mm　　　印　　张：21.25　　　字　　数：516千字
版　　次：2017年1月第1版　　　印　　次：2022年1月第7次印刷
定　　价：78.00元

产品编号：071198-01

游戏动漫开发系列
编委会

P 丛书序
PREFACE

　　动漫游戏产业作为文化艺术及娱乐产业的重要组成部分，具有广泛的影响力和潜在的发展力。

　　动漫游戏行业是非常具有潜力的朝阳产业，科技含量比较高，同时也是当代精神文明建设中一项重要的内容，在国内外都有很高的重视。

　　进入21世纪，我国政府开始大力扶持动漫和游戏行业的发展，"动漫"这一含糊的俗称也成了流行术语。从2004年起至今，国家广电总局批准的国家级动画产业基地、教学基地、数字娱乐产业园已达30多个；有近500所高等院校开设了数字媒体、数字艺术设计、平面设计、工程环艺设计、影视动画、游戏程序开发、游戏美术设计、交互多媒体、新媒体艺术与设计和信息艺术设计等专业；2015年，国家新闻出版广电总局批准了北京、成都、广州、上海、长沙等16个"国家级游戏动漫产业发展基地"。根据《国家动漫游戏产业振兴计划（草案）》，今后我国还要建设一批国家级动漫游戏产业振兴基地和产业园区，孵化一批国际一流的民族动漫游戏企业；支持建设若干教育培训基地，培养、选拔和表彰民族动漫游戏产业紧缺人才；完善文化经济政策，引导激励优秀动漫和电子游戏产品的创作；建设若干国家数字艺术开放实验室，支持动漫游戏产业核心技术和通用技术的开发，支持发展外向型动漫游戏产业，争取在国际动漫游戏市场占有一席之地。

　　从深层次来讲，包括动漫游戏在内的数字娱乐产业的发展是一个文化继承和不断创新的过程。中华民族深厚的文化底蕴不但为中国发展数字娱乐及创意产业奠定了坚实的基础，而且提供了广泛、丰富的题材。尽管如此，从整体看，中国动漫动漫游戏及创意产业仍然面临着诸如专业人才短缺、融资渠道狭窄、缺乏原创开发能力等一系列问题。长期以来，美国、日本、韩国等国家的动漫游戏产品占据着中国原创市场。一个意味深长的现象是美国、日本和韩国的一部分动漫和游戏作品内容取材于中国文化，加工于中国内地。

　　针对这种情况，目前各大院校相继开设或即将开设动漫和游戏的相关专业。然而真正与这专业相配套的教材却很少。北京动漫游戏行业协会应各大院校的要求，在科学的市场调查的基础上，根据动漫和游戏企业的用人需求，针对高校的教育模式以及学生的学习特点，推出了这套动漫游戏系列教材。本丛书凝聚了国内诸多知名动漫游戏人士的智慧。

　　整套教材的特点如下：

　　（1）本套教材邀请国内多所知名学校的骨干教师组成编审委员会，搜集整理全国近百家院校的课程设置，从中挑选动、漫、游范围内公共课和骨干课程作为参照。

　　（2）教材中部分实际制作的部分选用了行业中比较成功的实例，由学校教师和业内高手共同完成，以提高学生在实际工作中的能力。

　　（3）为授课教师设计并开发了内容丰富的教学配套资源，包括配套教材、视频课件、电子教案、考试题库，以及相关素材资料。

　　本系列教材案例编写人员都是来自各个知名游戏、影视企业的技术精英骨干，拥有大量的项目实际研发成果，对一些深层的技术难点有着比较精辟的分析和技术解析。

F 前　言
FOREWORD

卡通风格游戏原画是从传统绘画艺术衍变而来，是伴随着电脑游戏不断发展而日益成熟的一种现代流行画种，与传统绘画风格相比，卡通风格游戏原画的画风更加自由，画面可以潇洒素雅，也可以浪漫华丽。在游戏原画师们的不断努力和总结下，卡通风格游戏原画的商业元素设计更加成熟，优秀作品层出不穷，形成一种新兴的时尚流行文化，受到了上千万玩家的喜爱。

可以说，游戏新文化的产生，源自于新兴数字媒体的迅猛发展。这些新兴媒体的出现，为新兴流行艺术提供了新的工具和手段、材料和载体、形式和内容，带来了新的观念和思维。

进入21世纪，在不断创造经济增长点和社会效益的同时，动漫游戏已经流传为一种新的理念，包含了新的美学价值、新的生活观念，其主要表现在人们的思维方式上，它的核心价值是给人们带来欢乐和放松，它的无穷魅力在于天马行空的想象力。动漫精神、动漫游戏产业、动漫游戏教育构成了富有中国特色的动漫创意文化。

然而与动漫游戏产业发达的欧美、日韩等地区和国家相比，我国的动漫游戏产业仍处于一个文化继承和不断尝试的过程。卡通风格游戏原画作为动漫游戏产品的重要组成部分，其原创力是一切产品开发的基础。尽管中华民族深厚的文化底蕴为中国发展数字娱乐及动漫游戏等创意产业奠定了坚实的基础，并提供了丰富的艺术题材，但从整体看，中国动漫游戏及创意产业面临着诸如专业人才缺乏、原创开发能力欠缺等一系列问题。

一个产业从成型到成熟，人才是发展的根本。面对国家文化创意产业发展的需求，只有培养和选拔符合新时代的文化创意产业人才，才能不断提高在国际动漫游戏市场的影响力和占有率。针对这种情况，目前全国有近500所高等院校新开设了数字媒体、数字艺术设计、平面设计、工程环艺设计、影视动画、游戏程序开发、游戏美术设计、交互多媒体、新媒体艺术与设计和信息艺术设计等专业。本套教材就是针对动漫游戏产业人才需求和全国相关院校动漫游戏教学的课程教材基本要求，由清华大学出版社携手长沙浩捷网络科技有限公司共同开发的一套动漫游戏技能教育教材。

本书由张敬、谌宝业、廖志高编著。参与本书编写的还有陈涛、冯鉴、谷炽辉、雷雨、李银兴、刘若海、尹志强、史春霞、涂杰、王智勇、伍建平、朱毅等。在编写过程中，我们尽可能地将最好的讲解呈现给读者，若有疏漏之处，敬请不吝指正。

C 目 录
ONTENTS

第 **1** 章 三维场景概述

本章主要介绍三维场景在游戏、影视、动漫及广告等领域的应用；重点讲解三维场景模型、纹理材质、灯光渲染、制作资源导出等的制作规范流程及制作技巧；详细介绍三维场景绘画贴图的流程及技法；深入地了解了三维场景在游戏场景及CG场景开发中的应用。

- ● **实践目标**
  - – 了解三维场景的制作规范流程
  - – 了解三维场景模型制作的技巧及不同风格场景的定位
  - – 了解2D场景、2.5D、3D场景制作设计的流程
  - – 了解三维场景设计师所要具备的条件
- ● **实践重点**
  - – 掌握三维游戏场景设计思路及制作规范流程
  - – 掌握2D、2.5D、3D场景制作流程及制作技巧
  - – 掌握三维游戏场景的透视规律
- ● **实践难点**
  - – 掌握三维场景绘制纹理贴图的技巧
  - – 掌握三维场景模型制作、绘制贴图的流程规范

1.1 游戏场景的概念

　　三维场景在影视、游戏动漫、CG等综合艺术设计创作中有其独特的艺术特色，在众多产品开发中应用非常广泛，有规范的制作流程，它表述的整体含义是角色活动的基本载体和游戏特定的空间环境。与二维原画场景设计概念不一样，二维场景注重的是整体画面的色彩关系及环境氛围的直观印象；三维场景强调的是高度、宽度及深度构成的重要造型元素，它可以是现实空间环境，也可以是非现实空间环境。三维场景设计师根据产品定位结合文案需求，运用掌握的三维制作规范流程及技巧，架构虚拟世界的自然景观和角色的生活环境。

　　随着三维制作技术在游戏、影视、动漫及广告等领域深入应用及需求的不断提高，三维场景构成的画面越来越精美，场景的设计理念也越来越丰富、多样化。随着三维技术及艺术表现的完美结合，场景空间结构设计的不同风格在众多开发产品应用中得到多元化、多方位的拓展，三维场景独特的制作技巧及规范流程可分解成三个突出的艺术表现形式：二维场景（2D）、多维场景（2.5D）及三维（3D场景）。

1.1.1 二维场景定义

　　二维场景的定义主要是指场景画面出现的所有的设计元素都是基于平面的设计，美术风格的定位根据不同场景采用不同的绘制技巧及制作规范。根据三维艺术形式发展历程，虽然三维场景在当前得到全方位的发展，应用的领域也比较广泛，用户也习惯体验效果绚丽的三维场景画面和纵深空间的体验模式，但不可否认，二维游戏精美的画面和丰富的细节还有其顽强的生命力及市场影响力，例如经典游戏《雷曼传奇》的场景空间结构设计及明快靓丽的场景氛围就是二维场景的标杆，如图1-1所示。

图1-1 《雷曼传奇》经典场景

根据当前市场的需求，场景元素的设计理念在影视、动漫游戏、建筑漫游、动画等各个领域得到了充分的拓展，特别是手机游戏行业的高速发展为动漫、影视、电视、广告等行业进行了完美的结合，为后续与三维产品相关市场的进一步发展提供了更为广阔的拓展空间。二维场景的设计理念对后续三维场景的风格定位、结构空间表现、后期合成等各个模块有很好的引导作用，所以在绘制二维场景时更注重色彩及氛围的表现。

　　二维场景更多地被应用在动漫设计、广告平面、场景概念设计等各个模块，二维场景在艺术表现形式上要求美术师对绘画技巧、色彩运用、空间结构理解等方面有较高的审美意识及创作构思能力。市面上也出现了很多脍炙人口的二维影视、游戏、广告等产品，逐步得到了市场的高度认知及纵深的发展，如图1-2所示。

图1-2　优秀的二维室内设计

1.1.2　假三维场景定义

　　假三维场景是比较特殊的一种场景制作流程规范，又称"假3D"或2.5D。它介于二维和三维场景之间，主要有两种构成模式，即三维角色结合二维背景和二维角色结合三维背景。三维角色及三维背景有明确的光源变化，场景中存在的所有物件都有光影变化。假三维场景中有比较丰富的色彩纹理及远中近景之间的前后层次关系。假三维室内场景画面效果如图1-3所示。

图1-3　假三维室内场景画面效果

1.1.3　三维场景定义

精湛的场景创意设计理念与高端的电脑技术完美结合，逼真的场景交互体验给用户身临其境的感觉，尤其是其强烈的视觉冲击力，形成为了独特的三维场景艺术特色。三维场景相对二维场景在深度空间的表现上更具空间感，整体画面效果受场景光源的影响产生不同的环境氛围，如图1-4所示。当然，三维场景对制作人员的技术能力及艺术概念的理解能力要求更高，对整个画面的色彩、形体结构及场景远中近景各个层次前后变化及各个层次建筑的透视关系、色彩冷暖关系、虚实关系的要求也非常明确，如图1-5所示。

图1-4　三维经典场景

图1-5　不同风格的三维场景

1.1.4 三维场景的风格分类

　　三维场景艺术风格在产品创意设计中起着很关键的作用，对整体环境的氛围，空间结构设计及制作规范流程都有明确的定位引导功能，是整个产品的主要载体，失去了风格就失去了艺术价值。场景风格主要由三大要素组成：故事情节、角色人物、场景环境。场景按风格大体可分为写实场景、科幻场景、动漫场景、魔幻场景等。

　　1.写实场景

　　写实场景设计的元素是从生活环境的真实建筑及物件进行的艺术创作，还原建筑及物件本来的材质质感，根据空间透视的原理进行场景造型结构的设计。写实场景的代表作品有《战争机器》和《虚幻——半条命》，如图1-6和图1-7所示。

图1-6　《战争机器》三维写实场景

图1-7　《虚幻——半条命》三维写实场景

　　2.科幻场景

　　科幻场景的三维制作是根据原画概念的设计，结合掌握的电脑技术的应用，对虚构的未来世界进行大胆想象、构思，创造出引人入胜、引人遐想的优秀画面。三维科幻场景如图1-8所示。

第1章　三维场景概述

5

图1-8　三维科幻场景

3.动漫场景

动漫场景是动画及漫画场景两种综合在一起的三维表现形式。动画场景是在写实场景的基础上进行卡通化、拟人化，整体的建筑造型及色彩氛围空间更为简洁概括；漫画场景更注重场景建筑光与影的色块变化，以及亮部和暗部的色彩明度、纯度、冷暖关系对比度。三维动画场景如图1-9所示；三维漫画场景如图1-10所示。

图1-9　三维动画场景

图1-10　三维漫画场景

4.魔幻场景

魔幻场景是根据剧本或者文案描述架构的一个虚拟的三维空间。魔幻是由个人或群体制造出来的,包括不是人但带有人的形象和行为的虚构幻界。其目的是表现人的社会和观念等。魔幻是表现人的创造力和文化方面的重要精神财富,给人以无限的遐想,激发人的创造驱动力,如图1-11所示。

图1-11 三维魔幻场景

1.1.5 三维场景技术

随着电脑硬件技术的不断升级,美术画面的渲染效果也得到了全新的品质提升,结合物理引擎上的飞跃进步,三维技术在影视、游戏动漫、建筑漫游等领域的发挥余地也越来越大,三维场景渲染艺术效果如图1-12所示。法线贴图(Normals Map)技术作为三维电脑技术与美术创意设计的深度集合已被逐步应用到各个领域的高端产品开发中,尤其是微软的Xbox360和索尼的PlayStation3问世后,三维的画面效果得到了极致的提升。而灯光贴图(Light Map)、自发光贴图(Emissive Map)、反射贴图(Specular Map)、透明贴图(Opacity Map)、阴影贴图(Shadows Map)等技术支持的不断更新和普及,特别当前VR技术的逐步完善,相信未来三维虚拟技术将会像电影一样,创造出一个"真实的世界"。三维科幻场景画面效果如图1-13所示。

图1-12 三维场景渲染艺术效果

图1-13 三维科幻场景画面效果

1.2 三维场景制作的原则与要领

作为一名优秀的三维制作人员，要经过大量的产品案例来提升自己的制作技能，要在实践中不断练习，不断积累，由此才能掌握三维场景制作要领，这对提高绘制技能可谓"事半功倍"，至关重要。

1.2.1 三维场景制作的原则

优秀的三维艺术作品给人以身临其境的感受，是对真实生活素材的总结及提炼，是艺术创作的结晶，要设计出既符合市场需求又令人满意的三维场景，就要深入了解三维场景设计的原则。

（1）要根据市场需求及文案描述对产品制作背景故事架构及美术风格进行定位，熟读剧本或策划文案，明确故事情节及发展脉络，表现出作品所处的时代、地域及人物的生活环境，根据需求设计三维场景建筑风格及环境，掌握三维场景结构的透视原理。

（2）找出符合剧情或文案描述的相关素材与资料，结合三维场景制作的规范流程及制作技巧，根据设计师的创意对素材资料进行归纳总结，创作出符合市场需求的三维艺术系列产品，突出三维场景独特的艺术表现形式。

（3）创意空间设计就是构思，构思一切可利用的素材、资料，把视觉物体具体形象化、可视化，充分运用空间透视关系和立体构成的设计原理。

（4）将现代电脑技术与艺术设计完美结合，加强场景光与影的环境变化，增强画面形式感，加强三维场景空间的艺术表现力。

（5）根据三维场景艺术风格定位特色，结合光源变化及透视关系营造空间气氛，烘托主题，根据不同视点、角度表现主体环境，突出艺术魅力。

（6）根据科幻、魔幻、卡通、写实等不同艺术风格的表现形式，在定位三维场景时要把握好场景的虚实、主次、远近等关系，达到技术与艺术的高度结合。

1.2.2 三维场景制作应注意的要点

（1）熟知产品设计基本原理，把握好剧本或文案构思，突出主题元素与风格定位，整理素材，确定要制作的场景风格。

（2）理解场景原画概念设计的空间结构，把握好远中近景建筑及物件的透视变化。

（3）掌握三维场景灯光设置的技巧，合理调节各个部分的参数，调整环境的气氛。

（4）掌握三维场景的焦点透视及散点透视的制作原理，充分理解近大远小、近实远虚及建筑物强弱对比等韵律的节奏。

（5）掌握电脑高级渲染技术与艺术场景氛围的色彩空间关系，营造不同环境的气氛变化，充分展示三维场景的纵深的立体空间结构。

（6）掌握三维场景主建筑及附属场景的制作规范及制作技巧。注意区分不同区域环境氛围的材质表现。

（7）熟知不同风格的三维场景制作思路，整体上把握主体建筑物与地表装饰物之间过渡色彩的变化与统一。

1.2.3 三维场景制作流程

三维场景的制作流程如下。

1．确定风格

风格在很多情况下由策划决定，美术发挥，因此场景设计师在设计场景风格时，必须权衡相应的技术配合。一个优秀的场景设计师，对于场景氛围、建筑风格、场景结构的理解力是高超的。例如唯美风格、写实风格、卡通风格等游戏的场景在美术上的表现各有不同，这都需要场景设计师对场景风格的把握有经验的积累。当然各个游戏的背景需求也是不能忽略的参考因素。

2．确定游戏元素

确定了美术风格后，就要确定游戏世界的一些原则性因素，例如地形、气候、地理位置，以及天空、远山、树木、河流等自然元素。这个阶段需要绘制一些草图，构图是场景的起步。草图的目的是易改动，场景设计时要尊重历史年代、地域特色，要注意细节，表现出生活味道。

3．构思画面，确定细节表现

这个阶段要分清近、中、远景的透视变化，例如场景中物件摆放的位置和角度等要突出主体，注意细节刻画，明确角色活动空间，强调气氛，增强镜头感。绘制色彩气氛图，可以充分利用前层画面。色彩气氛图要重情（剧情）、重势（气势）、重意（意境）、重魂（灵魂）。

1.3 场景的透视基础

"透视"的概念属于绘画理论术语，是绘画活动中的一种观察方法。透视是场景设计中很重要的因素，在现实空间中，任何物体在一定透视状态下都能表现出来。因此透视学是场景原画师必须掌握的基本知识。

1.3.1 透视的概念

1.透视的产生

根据光学原理，有了光人类才得以看见自然界中的一切。光线照射到物体上通过眼球内水晶体把光线反射到视网膜上而形成图像。光线在眼球水晶体的折射焦点叫作视点，视网膜上所呈现的图像叫作画面。人脑通过自身的机能处理将倒过来的图像转换成了正立图像。如果在眼前假定一个平面或放置一透明平面，以此来截获物体反射到眼球内的光线，就会得到一个与实物一致的图像，这个假定平面就是画画的画面，如图1-14所示。

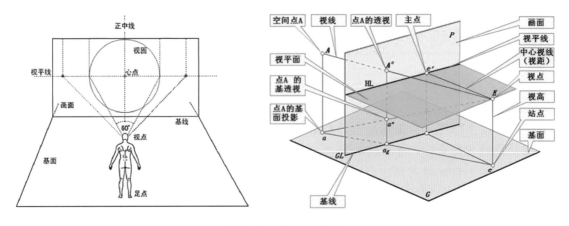

图1-14 透视原理图

2.透视的概念

透视学的基本概念很多，有平行透视、成角透视、仰视透视、俯视透视等。广义透视学方法在距今3万年前已出现，可指各种空间表现的透视方法。在线性透视出现之前，有多种透视法。

（1）纵透视：将平面上离视者远的物体画在离视者近的物体上面。

（2）斜透视：离视者远的物体，沿斜轴线向上延伸。

（3）重叠法：前景物体在后景物体之上。

（4）近大远小法：将远的物体画得比近处的同等物体小。

（5）近缩法：有意缩小近部，防止由于近部透视正常而挡住远部的表现。

（6）空气透视法：物体距离越远，形象越模糊；或一定距离外的物体偏蓝，越远偏色越重，也可归为色彩透视法。

（7）色彩透视法：因空气阻隔，同颜色物体距近则鲜明，距远则色彩灰淡。

狭义透视学特指14世纪以来，逐步确立的描绘物体，再现空间的线性透视和其他科学透视（包括空气透视和隐没透视）的方法。

1.3.2 透视的分类与规律

1.线透视

线透视研究视线的功能，并借测量发现第二物比第一物缩小多少、第三物比第二物缩小多少，依次类推到最远的物体。

实验发现，几件大小相同的物体，如果第二物与眼睛的距离是第一物与眼距离的一倍，则大小只有第一物的一半；第三物距离第二物与第二物距离第一物的距离相等，则大小只及第一物的三分之一，依次按比例缩小。

如果两匹马沿着平行的跑道奔赴同一目标，这时从两条跑道中间望去，可看见它们越跑越相互靠拢，这是因为映在眼睛里的马的成像在向瞳孔表面的中心移动。速度相等的物体之间，离眼睛远的显得速度慢，离眼睛近的显得速度快。

1）焦点透视

线透视的重点是焦点透视，也是现代绘画着重研究的目的。西方绘画只有一个焦点，一般画的视域只有60度，即人眼固定不动时能看到的范围，视域角度过大的景物则不能纳入到画面中。如图1-15所示，它描绘了一只眼朝一个固定方向所见的景物。其基本原理犹如隔着一块玻璃板观察物体，这些物体形成一个锥形射入眼帘，再用画笔将玻璃板范围内的物体绘制在这块玻璃板上，从而得到一幅合乎原理的绘画。其特征是符合人的真实视觉，讲究科学性。在很多三维场景建筑模型设计中焦点透视应用非常广泛，成为很多场景设计的基本准则，如图1-16所示。

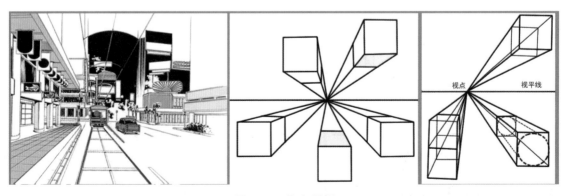

图1-15　焦点透视

图1-16　建筑设计中焦点透视的应用

当视点、画面和物体的相对位置不同时，物体的透视形象将呈现不同的形状，从而产生了各种形式的透视图。通常按透视图上灭点的多少来分类和命名，也可根据画面、视点和形体之间的空间关系来分类和命名。典型的透视图表现方法包括平行透视、成角透视和广角透视。

2）平行透视

透视原理：平行透视（又称一点透视）在游戏场景中比较常见，也是最简单的透视规律。一点透视在画面视平线上有一个灭点，要表现的物体的结构中有结构线与画框平行，与画面垂直的结构线全部消失在视平线上已设定的灭点上，如图1-17所示。

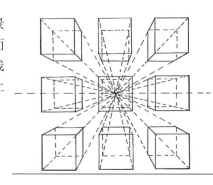

图1-17　平行透视

表现方法：首先在画面上画一条水平线（又称视平线），然后在水平线上画一个点作为灭点，从灭点延伸出两条线，这两条线就是将要画的物体的透视关系，然后在透视关系线之间画出要绘制的物体，如图1-18所示。在平行透视中，物体高度的变化根据透视线和视平线所呈的角度的变化而变化，当物体所处的位置不同时，画面中将表现出物体不同的面。

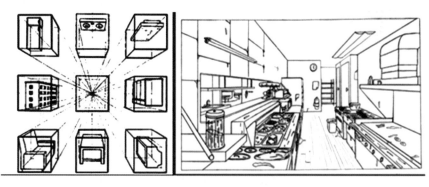

图1-18　平行透视表现方法

平行透视的应用：使用一点透视法可以很好地表现出场景建筑近大远小的结构变化。在建筑设计中，平行透视常用来表现笔直的街道或建筑群，如图1-19所示。

图1-19　运用平行透视表现的街道

如图1-20所示，是使用平行透视规律绘制的宏伟宫殿场景，宫殿与画面垂直的结构线消失在画面中部的二分之一的视平线上，较好地表现了神秘的气氛，近景处雄伟的建筑散发出的气势，强调了垂直于画面的结构指向灭点，起到了加强景深的作用。

图1-20　平行透视在场景设计中的运用

第1章　三维场景概述

平行透视在影视、动漫游戏、建筑漫游等领域都得到了非常广泛的应用，运用平行透视原理设计的《星球大战》太空三维场景如图1-21所示。

图1-21　《星球大战》中的三维场景

3）成角透视

透视原理：成角透视（又称两点透视）也是游戏场景原画中常用的基本透视规律。一个物体在视平线上分别汇集于两个消失点，物体最前面的两个面形成的夹角离观察点最近，所形成的视角线叫成角透视，如图1-22所示。

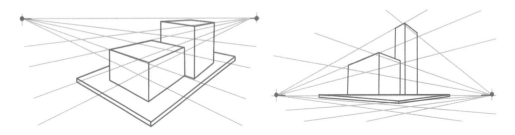

图1-22　成角透视

表现方法：首先做一条地平线和一条垂直线，然后定好高度，在视平线的左右两端找出灭点，在灭点和高度点之间连线，在视平线和透视线之间画出建筑物的轮廓。随着视平线与透视线之间的角度变化不同，画面表现物体的形状也在改变，如图1-23所示。

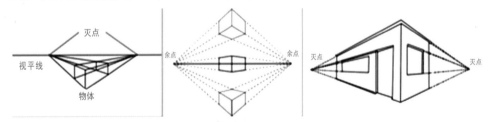

图1-23　成角透视的表现方法

在运用成角透视规律绘制景物时，远处的物体要进行虚化处理，近处的物体要画得细致些，而且不论景物的多少，其透视线均应分别相交于两个灭点，这样画出来的景物的透视才准确。

成角透视主要有三种表现形式：俯视视角、平行视角、仰视视角。成角透视在涉及建筑的游戏中应用得最为广泛，如图1-24所示表现的是俯视视角中的建筑效果；如图1-25所示表现的是仰视视角中的建筑效果。

图1-24　俯视视角中的建筑

图1-25　仰视视角中的建筑

平行视角透视即焦点透视，是以地平线为分界线，按照统一方向产生灭点的一种空间构成方式。如图1-26所示是平行视角中的三维场景透视结构关系。

图1-26　平行视角中的三维场景

4）广角透视

透视原理：广角透视（又称三点透视）实际上是在两点透视的基础上又在垂直于地平线的纵透视线上汇集形成第三个灭点（天点或地点，即仰视或俯视），如图1-27所示。这种透视关系只限于仰视或俯视。

15

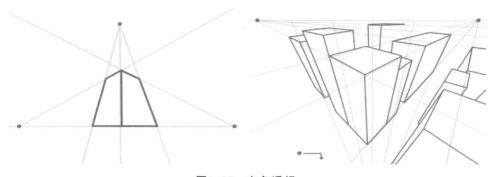

图1-27 广角透视

广角透视与焦点透视不一样，在很多大型三维场景设计中，根据不同的建筑及物件结构造型，形成的各部分的透视点也各不相同。按照两点透视画出物体的高度透视，然后再纵向定出一个灭点，将其和物体的底部两点相连就是广角透视，如图1-28所示。

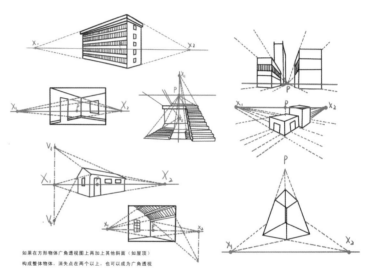

如果在方形物体广角透视图上再加上其他斜面（如屋顶）
构成整体物体，消失点在两个以上，也可以成为广角透视

图1-28 广角透视的表现方法

广角透视一般用于绘制超高层建筑的俯瞰图或仰视图。广角透视最适合表现建筑物高大纵深的感觉。如图1-29和图1-30所示是仰视场景，视平线设计得比较低，表现出强烈的视觉效果。

图1-29 三维广角透视场景

图1-30 《战地》中的三维广角透视场景

　　广角透视的另一种透视现象是俯视，即灭点是地点，俯视全场景的视角在三维场景设计中占有很大的比重，如图1-31所示。

图1-31 俯视视角三维场景

5）散点透视

散点透视在二维及三维场景中应用非常广泛。二维场景在古典中国画的绘画技法中应用比较广泛。中国画的散点透视法原理是一个画面中有许多焦点，画家观察点不是固定在一个地方，如同一边走一边看，每一段都有一个焦点。正因为如此，所以运用三点透视法可以画出非常长的长卷或立轴，视域范围无限扩大。《清明上河图》就是典型的散点透视代表作，如图1-32所示。凡各个不同立足点上所看到的东西，都可绘制进自己的画面，这种透视方法也叫"移动视点"。中国山水画能够表现"咫尺千里"的辽阔境界，运用的正是这种独特的透视法。它在中国画中有特殊的名称，纵向升降展开的画法叫作高远法；横向高低展开的画法叫作平远法；远近距离展开的画法叫作深远法。直到今天，中国画仍然保持着使用散点透视的作画方法，如图1-33所示。

图1-32　散点透视《清明上河图》国画版

图1-33　散点透视《清明上河图》三维版

2.色彩透视

自然界中的物体与人的视点之间，无论距离远近总是存在着一层空气，物体反射的色光必须通过空气这个介质传递给人的视觉。随着眼睛与物体距离的远近变化，空气厚度增加，从而使物体的色彩在人的视觉上发生了变化，这种变化叫作色彩透视，也叫空间色。例如蔚蓝的空气使远山葱茏，那么空气的蓝色从何而来？——空气的蓝色来自于大地和上层黑暗之间的大块稠密的亮空气。空气本身没有颜色，而是类似于它后面的物体，如图1-34所示。只要距离不大、湿气不过重，那么背后的黑暗越深浓，蓝色就越美观。由此可见，阴影最浓的物体在远方呈现最悦目的蓝色，但被照得最亮的部分只显示物体的本来颜色，却不显出眼睛与物体之间的大气颜色，如图1-35所示。

图1-34　魔幻三维场景

图1-35　三维科幻城市

空气越接近地面，蓝色越浅，越远离地平线，蓝色越浓。

色彩的透视现象在场景设计中最为常见，也是用色彩表现空间的常用手段。在三维场景设计中，前景采用的色彩应当单纯，并使它们消失的程度与距离相适应，也就是说，物体越靠近视觉中心点，其形状越像一个点；若它越靠近地平线，它的色彩也越接近地平线的色彩。

了解并掌握色彩透视规律，可以在场景设计中自如地表现色彩的对比关系、层次和空间。形体的一般透视规律是近大远小，而色彩的透视体现在形体的明暗效果和色彩效果上。色彩透视的基本规律是：近暖远冷、近纯远灰，近处对比强烈，远处对比模糊、概括。准确表现色彩的透视是营造空间的重要手段，因此在处理画面时，近处的物体明暗对比强烈，色相明显，色彩纯度高，而远处的物体轮廓模糊，明暗色调差别小，色彩纯度弱而且概括。这样的色彩处理既符合人的视觉感受，又能在画面上表现出一定的三度空间，如图1-36所示。

图1-36　近景和远景中的色彩

　　空气与景物的色彩透视变化有密切的关系。空气的厚度、洁净度直接影响到色彩的远近变化。例如高原地区空气洁净、稀薄，那里的色彩透视变化就不太显著，远处景物的色彩都很鲜艳，如图1-37所示。在工业城市情况恰好相反。了解这一点对表现不同的地域、季节、气候都有很大的帮助。

图1-37　三维场景中的环境氛围

　　有时室内场景也需运用色彩透视原理，只不过这种室内场景的色彩透视不像室外那样明显，而是运用色彩透视中的色彩渐变去表现自然的深远感、空间感，如图1-38所示。

图1-38　室内三维场景色彩渐变的运用

3.隐没透视

隐没透视就是用物体的清晰度表现物体的远近，所谓"远山无皱，远水无波，远树无枝，远人无目"说的便是这个道理。

隐没透视的特点如下。

（1）当物体因远去而逐渐缩小的时候，它的外形的清晰程度也逐渐消失。每一种物体，就它对眼睛的作用而言，有三个属性，即体积、形状和颜色。在较远的距离目视物体，体积比颜色或形状更容易被分辨出来，如图1-39所示。需要注意的是，色彩比形状更容易分辨，但该规律不适用于自身发光的物体。

图1-39 距离对清晰度的影响

（2）假使把远方的物体画得既清楚又分明，它们就显得不遥远，而是近在眼前。因此在绘画中应当注意到物体应该有与距离相符合的正确的清晰度，最先消失的是物体细小的部分，再远些，消失的是物体稍小的部分，最后直到物体的整体都消失不见，如图1-40所示。远处的人难以辨认也是出于同一道理。

图1-40 不同距离的画面表现

第1章 三维场景概述

4.空气透视

空气透视法由达·芬奇创造，表现为借助空气对视觉产生的阻隔作用，物体距离越远，形象就描绘得越模糊；或一定距离后物体偏蓝，越远偏色越重。其突出特点是产生形的虚实变化、色调的深浅变化、形的繁简变化等艺术效果。这种色彩现象也可以归到色彩透视法中去。15世纪哥特式风格晚期的祭坛画，常用这种方法加深画面的真实性。

空气透视法的特点如下。

（1）物体随距离的消失：颜色随距离的增大最先消失的是光泽，这是颜色中最小的部分，是光中之光；其次消失的是亮光，因为它的阴影较小；最后消失的是主要的阴影。

（2）颜色和体积的消失：应注意使色质的消失和其体积的消失相适应。

（3）空气越贴近平坦的地面越稠密，越升高越稀薄越透明。距离遥远的高大物体下半部分难以辨认，这是因为人的视线受到连绵稠密的空气的影响所致，如图1-41所示。

图1-41 空气密度对清晰度的影响

（4）远景物体的结构造型：在大气环境的影响下，远景的色彩明度、纯度及色彩冷暖关系会与前景形成明确的层次变化，视觉上产生明确的空间虚实关系及色彩变化，如图1-42所示。

图1-42 远山的模糊轮廓

（5）浓厚环境氛围的城市：在设计三维场景的远、中、近景色彩层次变化时，要根据城市空间结构布局对中间色的色彩关系进行逐层划分，如图1-43所示。空气越稠密，城市中的建筑及环境的色彩氛围就越浓密，离光源及视角越近的物件的色彩明度、纯度、冷暖关系就会越明确。

图1-43　浓雾中的城市

5.亮度和背景对透视的影响

（1）同样远近、同等大小的若干物体，被照得最亮的一个显得最近、最大。

（2）远看许多发光物体，虽然它们是相互分开的，但看上去却是连成一片。

（3）物体从远看就失去了自身的比例。这是因为较亮部分的成像效果比较暗部分更加强烈，如图1-44所示。

图1-44　亮度对视觉的影响

（4）如果不是由于物体边缘和背景的差别，人眼就不能了解和正确判断任何一件可见物体。月亮虽然离太阳很远，但在日食时正介于太阳和人眼之间，以太阳为背景，人眼看去，月亮似乎连接在太阳上。

（5）受到比较明亮的背景包围的暗物体显得比较小，而与黑暗背景相接的亮物体则显得比较大。黄昏时候衬着傍晚的高楼就会呈现这种情况，这时人们马上觉得晚霞压低了楼房的高度。由此可以推出：建筑物在雾霭和黑夜中要比在洁净明亮的空气中显得高大。

（6）大小、长度、体形、暗度都相同的若干物体，衬着明亮的背景的那个物体的形状显得最小。例如，当太阳从落完叶子的树枝后照射过来时，树枝大大缩小，几乎不可见，如图1-45所示。

图1-45　背景亮度对画面表现的影响

综上所述，对于三维场景计来说，近景细部的绘制务必要精细，尤其需要用清楚分明的轮廓线将细部与背景区别开来；较远的物体也应画好，尤其对其边界的过渡色彩部分要进行模糊处理，整体把握好三维场景的虚实关系。

1.4 三维场景设计师应该具备的条件

对于从事三维场景设计的人来说，掌握基本的相关知识很有必要，包括美术基础、软件技能训练、综合艺术素养、沟通能力等。了解三维场景设计师应该具备的条件，并进行有针对性的学习和积累，对工作能起到事倍功半的作用。

1.扎实绘画基础和表现能力

扎实的美术素描功底可以使我们对三维空间及色彩的理解更加深刻，对美术风格定位更加明确，对游戏整体美感的把握更准确。对于游戏来说，看重的是三维场景设计师的艺术修养及审美意识，而不是在某款三维制作中应用了什么样的技术。

（1）结构造型描绘。结构造型描绘是一种能在较短时间内概括且生动地表现人物、生物或建筑风景的形象和动态的绘画方法，是捕捉人物姿态的重要手段。为了更好地设计场景的空间结构及把握建筑风格，首先需要了解场景的大体结构和比例，把握场景的透视结构关系，掌握正确的观察方法，熟练地运用造型技法，同时要具备形象的记忆和默写能力。其次需要有较好的三维立体空间的结构概念，对透视原理的理解及应用比较准确。

场景速写主要是运用三维空间的结构关系表现场景的透视及光影变化，更好的表现建筑与地表之间的景深空间，如图1-46所示。

图1-46　场景速写

（2）明暗结构素描。明暗结构素描是通过线结构的运用，直接体现和暗示角色或场景的体积、远近、方位和对比等特性，表现物体内外部组合关系及前后左右的空间状态。明暗结构素描结合物体基础造型或光影关系表现明暗色调层次，强调物体本质的、实在的形体结构，所以表现物象的效果明确、肯定、清晰和刚劲有力。

明暗结构素描在表现场景结构造型及环境氛围时，更易于把握整体黑白灰层次的变化，对后续三维建模及绘制材质有铺垫作用，如图1-47所示。

图1-47　场景明暗色调变化

明暗结构素描不但在塑造人物方面形成独特的艺术形式，而且被广泛应用于现代建设的各个领域，例如建筑、园林、工业等的图纸绘制。明暗素描在刻画场景空间结构关系方面也有比较丰富的表现力，如图1-48所示。

图1-48　场景结构素描

（3）色彩与色彩关系。人对色彩感觉的完成要有光，要有对象，要有健康的眼睛和大脑。任何有色物体都存在于一定的空间之内，它们的色彩也必然与周围邻接的物体相互影响相互制约，从而形成一定的关系，这就是色彩关系。它的变化规律就是固有色与条件色的对立与统一。色彩在游戏角色与场景创作中的巧妙应用，不仅给人以清新、明朗、热情、冷静压抑等不同的感觉，还可以使游戏世界的场景色彩与环境氛围发生变化，如图1-49所示。

图1-49　场景色彩与环境氛围

2. 要有丰富的创作想象力

三维场景设计与传统二维场景创作不同。三维场景设计需要原画师把策划文档中的描述文字转化为形象的画面，再通过三维制作技巧，把抽象的形态结构转化为立体的空间作品。

三维场景设计师在表现三维空间结构关系时，首先需要丰富的想象力和制作经验，更需要在结构设计中累积大量素材，完善设计理念，在短时间内创作出适合剧本或文案需求的概念设计。其次在后期的3D制作阶段，三维场景设计师需要制作大量的贴图、动作和特效文件，实现效果各异的场景和角色，以带给玩家不同的游戏氛围体验。这同样要求设计师在制作过程中能总结概括，掌握不同风格、不同类型的三维空间的设计技巧，注重创作灵感的积累和培养，如图1-50所示。

图1-50　三维场景鉴赏

3.要具备广博的知识、才艺和综合的艺术修养

　　三维场景设计和纯美术绘画一样，要时刻保留个人的风格特点，对此可以将他人的作品作为学习的参考进行借鉴，在模仿中逐渐形成自己的风格。因此，要想成为一名合格的三维场景设计师，就要了解不同风格的作品，比如欧美画风、日韩画风以及中式风格的作品等，甚至要深入分析作品的历史背景、文化差别和创作思想，让自己的艺术素养更加全面。

4.具有良好的沟通能力和团队协作能力

在三维场景设计过程中，策划的想法需要通过作品体现出来，然而很多细节在表现时很难和策划的设想完全一样，中间不可避免地要进行多次修改，甚至重新设计。因此要想成为一名好的三维场景设计师，还需要具备良好的沟通能力和团队协作能力，而不是一意孤行、孤芳自赏。要知道一个人完成所有的设计工作是不现实的。游戏是一个整体，玩家只认作品不认人，好的游戏作品需要所有参与美术设计的人员相互了解，甚至还要和策划、程序设计人员进行沟通，只有这样才能最终制作出让玩家认可的作品。

5.具有电脑图像设计软件的使用技能

每个游戏开发公司都在关注行业技术的变化和进步，因为每次新技术的诞生都会给游戏设计带来很多改良和进步，有效提高了画面效果和制作效率。所以，三维场景设计师不仅要会用图形图像设计软件表现自己的作品，还要学会利用新技术提高自己的设计水平和效率。三维场景设计的常用软件有：3DS Max、Maya、Photoshop、ZBrush、Bodypaint等。这些软件功能强大，只有不断的学习和使用才能熟练地掌握它们。

1.5 三维场景设计的贴图种类

按照项目场景定位需求，在完成道具基本模型的制作之后，根据不同道具的属性对材质纹理进行刻画。在刻画过程中，根据不同材质属性结合不同的Photoshop绘制技巧。目前常用的贴图制作主要有手绘贴图、写实贴图、无缝贴图、动画贴图、混合纹理贴图、法线贴图等。

1.5.1 手绘贴图

手绘贴图在角色及场景风格定位中是最基础也是使用最多的贴图类型，常用于卡通类或纯风格化的场景建筑和地表材质属性。卡通纹理材质的色彩明度、纯度、色彩饱和度都比较高，色块简洁明快，有较强的装饰性。如图1-51和图1-52所示为依照游戏类型和风格定位，绘制的色彩、立体空间和纹理效果，对美术功底要求较高。

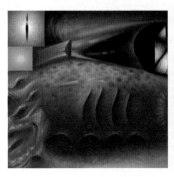

图1-51　手绘卡通角色材质

图1-52 手绘卡通场景材质

1.5.2 写实贴图

写实贴图常用于写实风格的游戏,通过收集真实世界中的素材结合Photoshop的材质修图的技巧对材质属性进行定位。常用的材质有木纹、金属、布料、石头等。墙体材质纹理如图1-53所示。地表材质纹理如图1-54所示。写实材质纹理以主体还原真实素材纹理效果为目的,结合光源变化实现各种建筑风格及物件纹理。

图1-53 墙体纹理材

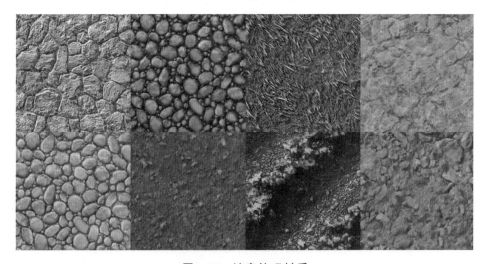

图1-54 地表纹理材质

1.5.3 无缝贴图

无缝贴图是制作大场景和优化使用空间的常用方式。在三维场景制作中，设计师一般会受制于游戏平台和程序要求，要求用大小有限的贴图去完成一个空间面积较大的场景模型，这就需要设计师合理地去安排贴图的空间布局，最终完成没有接缝的贴图效果。无缝贴图的代表性构成模式是二方连续法，主要运用在墙体、瓦片、护栏等单方向重复度较高的建筑部分，如图1-55所示。四方连续法主要是指沿着四个方向无限地拓展贴图纹理的方法，主要运用在地面。有时墙体也会运用到四方连续法。地面四方连续法纹理效果如图1-56所示。

图1-55 墙体二方连续纹理贴图

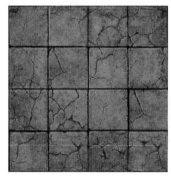

图1-56 地面四方连续纹理效果

在场景制作中，无缝贴图除了用于地面、墙面、道具外，还会用于地形、天空、水面等环境。将无缝贴图多次叠加可使场景看起来更加丰富自然。如图1-57所示，分别为雪地和水体的无缝贴图纹理。

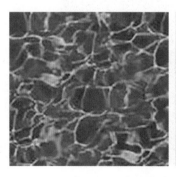

图1-57 雪地和水体的无缝贴图效果

1.5.4 动画贴图

动画贴图常见以流体的形式出现，例如喷泉喷出的水、直流而下的大瀑布、熊熊的火焰、天空飘动的浮云等，如图1-58所示。

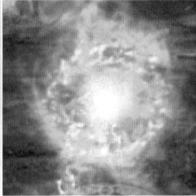

图1-58 动画贴图在游戏中的应用

在角色及场景特效制作中，很多动态的粒子效果都是用动画贴图循环实现的，通过3D渲染或运用引擎里的粒子调节器就可以设置成游戏中想要的动画效果。

动画贴图一般靠分帧组合的图片连续播放来实现动画效果，所以在一张动画贴图中分帧贴图数量越多，动画播放时就表现得越自然流畅。但在实际游戏中由于播放往往会受内存要求限制，所以会对贴图的大小做一些精简。技能特效动态纹理序列帧如图1-59所示。

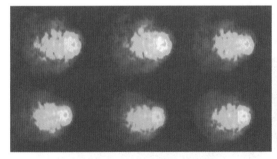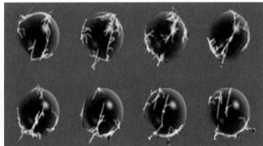

图1-59 技能特效动态纹理序列帧

1.5.5 混合纹理贴图

混合纹理贴图是辅助表现贴图质感和纹理的常用方式，可以丰富画面效果，使其不会显得太过平淡。在表现真实游戏场景效果时，通常真实贴图的纹理效果会对最终游戏真实环境气氛的形成起到重要作用。材质是指物体表面体现的最基本的质地效果，如木材、金属、石材和玻璃等。纹理是指依附在材质表面的上的物质，如铁锈、烟熏、刮痕、尘土和水渍等。如图1-60所示。

图1-60 混合纹理贴图

1.6.6 法线贴图

法线贴图是一种目前很流行的凹凸贴图技术。从理论上说，"法线"是垂直于特定平面的向量，用以记录反射光线的角度。法线贴图是给模型所有三角面顶点上的每个像素赋予假的法线，因此反射不是按照真正的多边形计算，而是根据法线图表面的向量计算出来，最终生成凹凸效果的贴图。

法线贴图其实并不是从低模的表面凸出高模的细节，而是把高模中比最高点位置低的地方凹进去的，因此低模要比高模大一点效果才会到位。为了游戏美术制作人员能系统深入地了解法线贴图技术，只有从图形程序技术角度出发才能将法线贴图技术解释透彻。

在实际游戏场景中，可以明显地看到是否使用了法线贴图，法线贴图在很大程度山能够提升画面细节的真实度，如图1-61和图1-62所示。

图1-61 法线贴图绘制效果 　　　　　图1-62 叠加法线模型所产生的效果

练习

　　熟悉光盘提供的三维场景制作案例，理解并区分不同风格场景制作规范及绘制技巧，对提供的素材资源进行归类整理。

第1章　三维场景概述

第2章 三维场景物件制作——战车

本章通过对战车的设计流程及设计理念的讲解，详细介绍了道具场景物件创作原则和技巧，并结合实例操作介绍了如何使用3D Max制作场景道具。

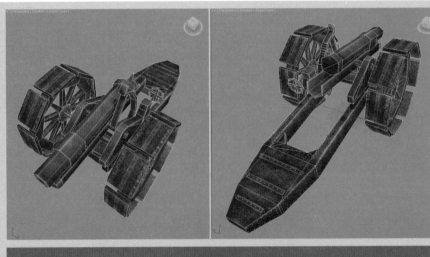

● **实践目标**
- 了解三维场景道具的制作思路及规范流程
- 了解战车道具模型的制作规范及制作技巧
- 掌握战车UV编辑思路及贴图绘制技巧
- 掌握战车金属材料质感的绘制技巧

● **实践重点**
- 掌握战车模型制作流程及制作技巧
- 掌握战车UV编辑技巧及排列规范
- 掌握战车金属材料质感的绘制技巧及表现

● **实践难点**
- 掌握战车模型制作、UV编辑流程及制作技巧
- 掌握战车金属材料质感的绘制技巧及表现

本章主要讲解写实物件战车的模型—UV编辑—材料质感的绘制流程，了解战车形体结构、造型特点，掌握战车的绘制技巧。战车渲染效果如图2-1所示（该文件位于配套光盘"第2章 三维场景物件制作 —— 战车"）。

图2-1　战车渲染效果

2.1 战车的制作流程

通过对图2-2战车原画（该文件位于配套光盘"贴图\第2章 三维场景物件制作——战车"）的分析，战车模型的制作思路是：在3DS Max中创建标准几何体来制作战车的车轮、炮身、炮体托盘的模型，然后使用多边形POLY建模逐步创建战车各部分的模型结构，注意车身及车轮部分两边结构的对称性。

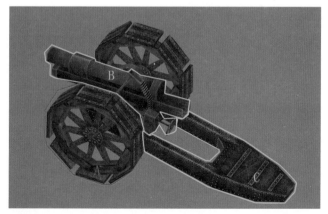

图2-2　战车形体结构分析

综上分析，战锤模型的制作分为三大部分：①战车模型基本形体的制作；②战车UV编辑及排布；③战车材料质感的深入刻画。

2.2 战车模型的制作

根据原画参考图的结构造型特点，战车模型的制作过程如下。

（1）打开3DS Max2016进入操作面板，激活视窗，对Max的单位尺寸进行基础设置，以便后续制作完成时输出的模型大小与程序应用尺寸相互匹配。单位尺寸基础设置如图2-3所示。

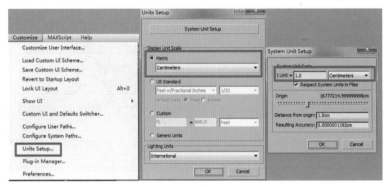

图2-3 单位尺寸基础设置

（2）单击 （创建面板）按钮，激活Tube（圆管）按钮，在Perspective（透视图）坐标中心单击创建圆管作为车轮部分的基础模型，设置圆管的基础参数，如图2-4所示。在工具栏激活 （移动）按钮，右键单击XYZ轴，设置坐标为零，如图2-5所示。

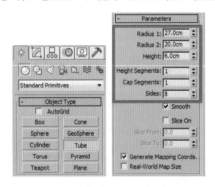

图2-4 圆管基础参数的设置　　　　图2-5 物体坐标归零

（3）调整圆管各视图的视窗大小，适度调整圆管模型外部及内部半径的结构，然后在模型上单击右键，在弹出对话框中单击转换按钮，如图2-6所示。将坐标圆管转化成可编辑的多边形（Poly）物体，如图2-7所示。

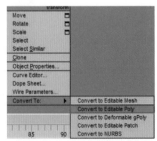

图2-6 转换成可编辑的多边形物体

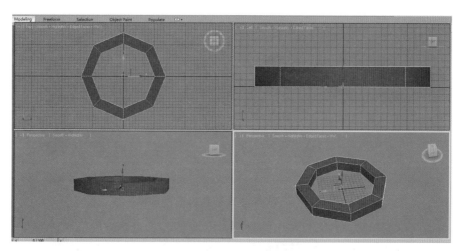

图2-7 视窗显示的调整物体

（4）将创建的圆管命名为"车轮"，激活left（左视图），运用 （旋转）工具对战车旋转90度。按照前面创建基础模型的方式，在车轮中心位置激活创建面板，单击 Cylinder 按钮创建圆柱体，设置圆柱体的基本参数，如图2-8所示。转换中心轴基础模型为可编辑的多边形模型，同时调整中心轴的位置坐标到中心，与车轮进行位置的匹配，得到两个不同层次的模型组合结构关系，调整后的车轮组合模型效果如图2-9所示。

图2-8
车轮中心轴基
础模型参数设置

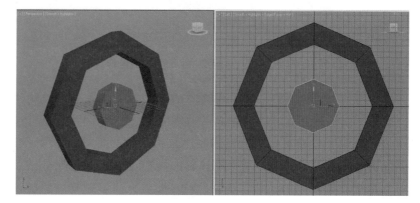

图2-9 车轮组合模型效果

（5）结合已绘制完的车轮的结构造型，再次给车轮及中心轴之间稳固结构的连接轴的模型进行定位。单击 Box 按钮，在车轮及中心轴直接创建一个长方体基础结构，在创建的时候要注意长方体两头造型的变化，如图2-10所示。调整连接轴基础形体结构之后，结合车轮及中心轴的坐标原点定位要求，激活轴心坐标，激活 Affect Pivot Only 按钮，右键单击 ⊹（移动）按钮，对坐标数值进行归零调整，如图2-11所示。

提示：创建的任何物体，其坐标轴都是基于物体中心点，因此要对偏离中心的物体的轴心点进行归零，以便于后续能更好地对各个物件的轴心进行对齐操作。

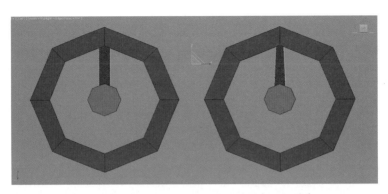

图2-10 战车连接轴基础模型创建

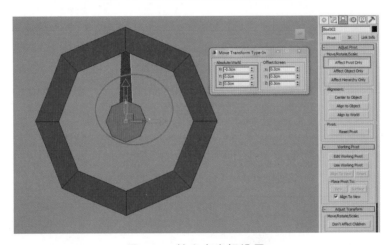

图2-11 轴心点坐标设置

（6）切换 ◎（旋转）工具，对调整的连接轴根据车轮的结构进行旋转复制，注意在复制的时候激活 ◎ 按钮按照一定的角度进行操作，便于准确定位角度，对旋转的角度进行设置，如图2-12所示。按住Shift键，操作旋转工具进行连接轴的模型旋转复制，在弹出的窗口菜单中设置复制的数值，如图2-13所示。确认旋转复制的数值后，单击确定按钮，得到根据轴心复制出来的7个角度比较规整的连接轴的模型，适度调整连接轴的厚度，如图2-14所示。

图2-12 旋转数值设置

图2-13 设置复制参数

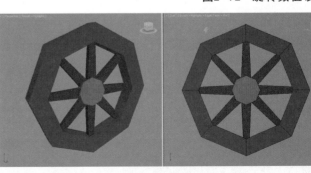

图2-14 旋转复制连接轴的模型效果

（7）根据战车原画示意图，再次给车轮的外围添加外壳防护轮，注意防护轮要与车轮的形体结构匹配。单击 Box 创建基础长方体，根据车轮整体结构定位，调整长方体的长、宽、高的比例关系，沿着外围调整轴心点坐标并运用旋转工具按照连接轴的角度复制形体，得到三个层级关系的模型组合，如图2-15和图2-16所示。

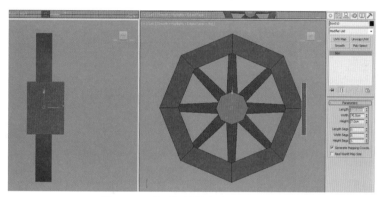

图2-15　外壳防护轮设置与定位

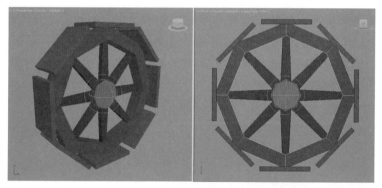

图2-16　外壳防护轮形体结构

（8）选择创建的车轮的各个部分的模型文件，切换到Front（前视图），以中心轴心作为对称中心，移动选择的车轮物件到坐标的一定位置。对创建的模型进行合并，移动轴心点到原点，单击 ￼（镜像）工具，镜像参数设置如图2-17所示。沿着Y轴进行整体模型的复制，得到比较完善的车轮的造型，如图2-18所示。

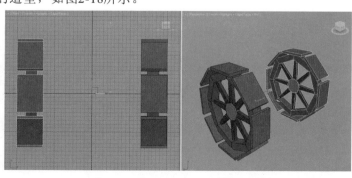

图2-17　镜像参数设置　　　　　　　　　图2-18　车轮模型镜像复制效果

（9）在完成两边车轮模型制作之后，接着制作两个车轮的连接轴杆。结合前面制作模型的基本思路，在两个轮子中间创建一个圆柱体，设置圆柱体的基础参数，如图2-19所示，调整圆柱体的坐标位置到轴心原点，将圆柱体转换为可编辑的多边形物体，并将其命名为"连接杆"。创建连接杆与车轮相交处的小轴杆，使其穿插在连接杆与车轮中心轴之间作为稳固架，如图2-20所示。

图2-19

圆柱体基础参数设置

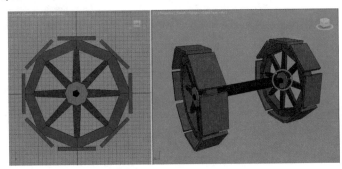

图2-20　连接轴杆模型制作

（10）在完成车轮主体模型结构造型之后，接下来制作战车托架。在创建面板单击 Box 按钮创建新的长方体，设置基础参数，如图2-21所示。进入 ✎（修改）面板，进入 ⠿（点）层级编辑模式，将多边形尾部的形态结构调整为梯形，然后激活多边形的 ■（面）层级，选中右侧边缘的面，将其删除，然后在工具面板单击 ⣿ 按钮，以X轴为中心进行镜像复制，如图2-22和图2-23所示。

图2-21　战车托架基础设置

图2-22

镜像复制基础

参数设置效果

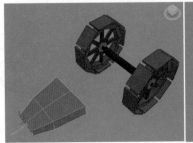

图2-23　战车托架复制模型

（11）激活复制的多边形模型，进入 （点）层级，对托架的形体结构进行刻画，在模型上右键单击，在展开的快捷键菜单中选择cut命令，对托架进行细节造型的刻画，注意结合原画示意图对结构添加结构线，如图2-24所示。根据原画示意图对托架中部造型结构添加线段，注意从各个视图来观察添加线段后形体的变化，并对其进行调整，如图2-25所示。

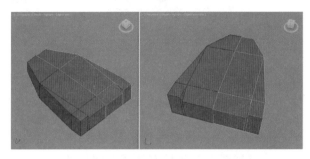

图2-24 选择cut命令　　　　　　图2-25 深入刻画托架形体中部结构造型

（12）进入 （修改）面板，激活托架模型，选择 （面）层级执行修改器中的 Extrude □ （挤出）命令，调整挤出模型的厚度，挤压模型效果如图2-26所示。再次执行 Extrude □ （挤出）命令，得到符合托架原画的结构造型，如图2-27所示。

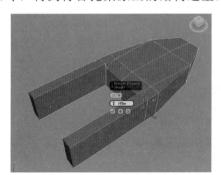
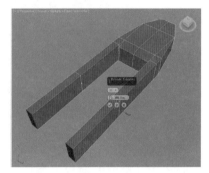

图2-26 托架中部挤压模型　　　　　　图2-27 托架二次挤压面造型

（13）对托架中部的造型结构进行细化。其方法为：单击cut命令对托架内侧的模型结构进行调整，进入 （面）层级模式，单击工具栏中的 （选择并均匀缩放）按钮，对拉伸出来的内侧模型结构进行适度的单轴向缩放，如图2-28所示。显示前面制作的车轮模型，根据车轮的结构定位，对托架的前端结构整体进行调整，如图2-29所示。

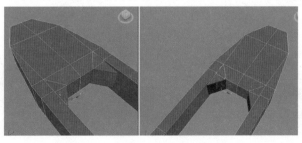

图2-28 托架内侧模型结构调整

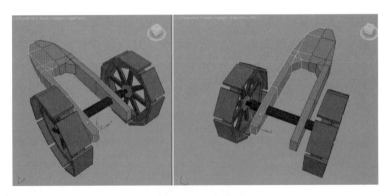

图2-29　托架及车轮组合模型效果

（14）制作战车主体炮口的结构造型。由于主体炮口与托架的结构是紧密结合在一起的，所以应在侧视图上新建长方体或者圆柱体作为基础造型。根据原画示意图制作炮口外围托架结构造型，如图2-30所示。

图2-30　炮口外围托架结构造型

（15）进入 （修改）面板，激活圆柱体进入可编辑多边形的 （边）层级，选择托架外围边，运用移动工具逐步调整圆柱的托架外部造型，如图2-31所示。在炮口托架中间创建用于托住炮口的横杆，注意横杆两头稍微有些出头，炮口托架的横杆要与主体托架的横杆互相协调，如图2-32所示。

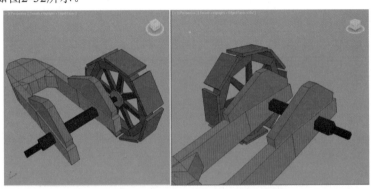

图2-31　炮口外围结构调整

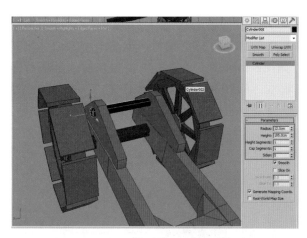

图2-32　炮口托架横杆参数设置及位置定位

（16）对主体炮台的模型结构进行基础形体的制作。在连接体中心位置创建一个圆柱体，根据原画示意图调整圆柱体长、宽、高的数值及分段数，然后单击鼠标右键，从弹出的快捷菜单中选择转多边形命令，将圆柱体换成可编辑的多边形物体，如图2-33所示。激活柱体炮台进入 ■（面）层级，删除上面的面，制作凹槽结构，同时调整内线厚度，如图2-34所示。

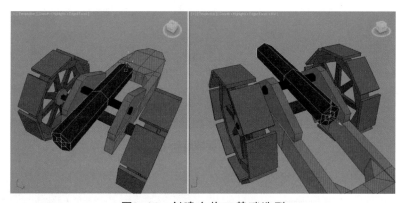

图2-33　创建主炮口基础造型

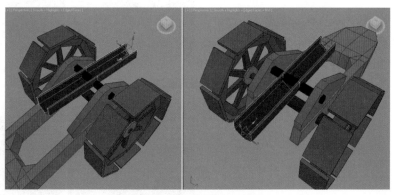

图2-34　炮口凹槽结构的制作

（17）制作战车炮台主体部分的模型。结合前面制作炮台凹槽的结构造型，单击 🖱️（创建）面板下 ◉（几何体）中的"长方体"按钮，创建一个六边体将其摆放到合适的位置，调整圆柱体基础参数，如图2-35所示。单击右键把创建的基础模型转换成可编辑的多边形物体，进入 ▣（面）级状态，单击下方的 [Extrude ▢] 按钮进入编辑模式，拉出一个层级面，重复操作两次，注意调整炮筒造型的变化，如图2-36所示。

图2-35　战车炮口主体模型

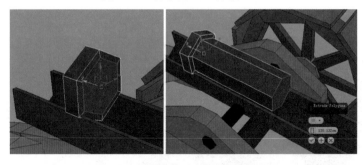

图2-36　炮筒基础模型结构编辑

（18）结合凹槽的结构继续对炮筒的形体造型进行整体的制作。炮口整体长度与凹槽的稍微有些错位，产生形体结构上的上下错位，特别要对炮孔部位的结构造型进行细节的刻画，使炮孔呈现出深度。同时给炮架凹槽前端的模型进行补全，如图2-37所示。

图2-37　炮孔及凹槽整体模型结构制作

（19）根据原画示意图设计的结构定位，给炮台前端位置制作一个固定架，以便炮口在受到冲击时候稳固在炮车的重心位置，注意与凹槽模型之间的衔接，如图2-38所示。

图2-38　炮筒稳固架模型定位

（20）制作操纵杆。操纵杆由两部分构成，一是控制方向的轮盘转体；一是装载子弹的传送带，在整体结构造型变化上属于战车最重要的结构部分。首先制作传送带基础模型的结构变化，在透视图单击 （创建）面板下的 Tube （管状体）按钮，创建一个"管状体"。然后单击鼠标右键，从弹出的快捷菜单中选择"转换为" | "转换为可编辑多边形"命令，接着选中面并将其删除，调整模型结构，在中间轴的连接部位创建连接杆，如图2-39和图2-40所示。

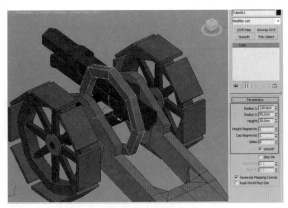

图2-39　传送带基础模型创建

图2-40　传送带组合模型结构制作

三维场景设计与制作

（21）制作盘转体部分的模型结构。切换到右视图，隐藏右侧车轮，单击创建面板上的
Cylinder 按钮创建模型，根据原画示意图对圆柱体模型进行编辑，适度地调整厚度，得到轮盘
稳固体的结构造型。进入 ✐（修改）面板可编辑多边形的 ■（多边形）层级，然后展开
"多边形"菜单，单击"挤出"右侧按钮，在弹出的"挤出多边形"对话框中修改"挤
出高度"的参数，进入 ■（面）层级，对上面的面进行挤压，得到稳固架的基础造型，如
图2-41所示。

图2-41　稳固架的基础造型

（22）调整稳固架的动态造型，在稳固架前面分别创建连接杆和轮盘的基础模型，注意
在创建的时候模型的分段数及大小要根据轮盘转体的大小进行调整，如图2-42所示。转换
模型为可编辑的多边形，激活轮盘两侧的一圈线段，单击右键，在弹出快捷菜单中选择
塌陷，得到轮盘的形体造型，如图2-43所示。

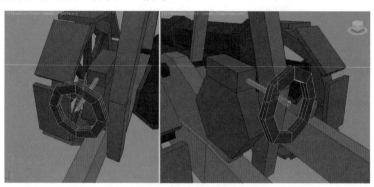

图2-42　轮盘基础模型制作

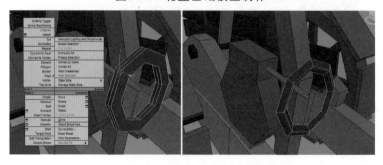

图2-43　右键快捷菜单及轮盘形体造型

（23）创建轮盘中心的交叉部位。根据轮盘示意图，创建长方体，与轮盘进行模型匹配，适当调整长方体两端的造型变化，然后对模型进行旋转、复制，得到完整的轮盘结构，如图2-44所示。

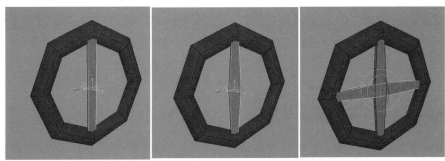

图2-44　轮盘整体结构造型调整

（24）制作炮身前端控制发射器托体结构的模型，如图2-45所示。托体主要用来承载前端凹槽及炮身的重量，在创建时注意调整托体与凹槽的结构位置，使二者匹配，如图2-46所示。

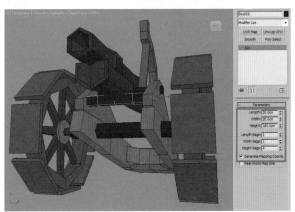

图2-45　发射器托体基础模型

图2-46　发射器托体结构调整

2.3 战车的UV编辑

在完成战车基础模型的制作之后，按照三维场景的制作流程，接下来对战车各部分的模型结构进行UV的编辑及排布。

2.3.1 车轮模型的UV编辑

（1）激活车轮整体模型，按照从内往外的流程对各部分模型进行UV的编辑。选择轮盘的模型，打开 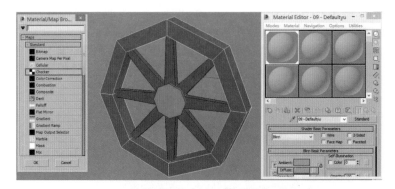（材质）编辑器，给轮子指定一个材质球，同时指定一个棋盘格作为基础材质，如图2-47所示。点击轮盘棋盘格纹理给轮盘模型添加纹理并对棋盘格菜单栏中的基础参数进行设置，以便观察UV的分布是否合理，如图2-48所示。

图2-47　材质球基础设置

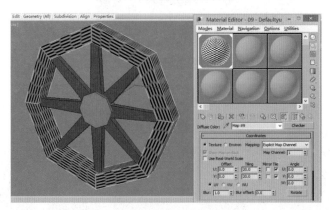

图2-48　棋盘格基础参数设置

（2）进入 （修改）面板打开修改器列表，执行修改器中的"UVWMap"命令，然后进入"UVW Map"的 （面）层级，分别对坐标模式及轴向进行指定，如图2-49所示。观察车轮模型上指定的棋盘格坐标的效果，使棋盘格保持正方形的黑白格局，如图2-50所示。

图2-49　平面坐标及轴向指定

图2-50　指定的平面坐标棋盘格效果

（3）选择车轮侧面的面，单独指定一个圆柱坐标并将其展开，然后调整侧面棋盘格的大小，使其和正面的棋盘格的大小相匹配。侧面圆柱坐标参数设置如图2-51所示；侧面圆柱坐标设置效果如图2-52所示。

图2-51　侧面圆柱坐标参数设置

图2-52　侧面圆柱坐标设置效果

（4）给侧面的面添加"Unwrap UVW"编辑菜单栏，单击"参数"卷展栏中的 `Open UV Editor ...` 编辑按钮，弹出"编辑UVW"对话框，设置侧面UVW坐标棋盘格，使其与正面的坐标匹配，如图2-53所示。根据侧面UV坐标的特点进行平展，尽量与车轮的棋盘格纹理大小保持一致，如图2-54所示。

图2-53
Unwrap UVW
基础设置

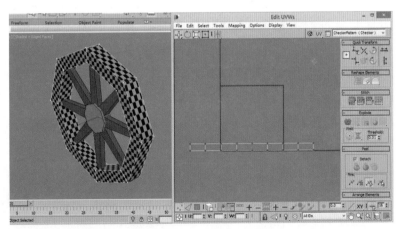

图2-54　车轮UVW初步编辑

第2章　三维场景物件制作——战车

（5）对车轮中心连接杆的UVW坐标按照前面的思路进行细节的编辑。注意此部分可结合模型制作思路，只需编辑好其中一块连接杆的坐标，连接杆坐标基础设置如图2-55所示。其他部分的坐标按照估计角度进行旋转复制即可，旋转复制连接杆如图2-56所示。

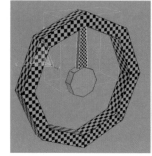
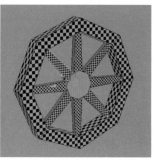

图2-55　连接杆坐标基础设置　　　　　图2-56　旋转复制连接杆

（6）对车轮中心的稳固架进行UVW坐标的设置及编辑。在"编辑UVW"对话框中，单击工具栏中的 （自由形式模式）按钮，然后适当地调整UV的大小和位置，以棋盘格最大限度是正方形为佳，如图2-57所示。

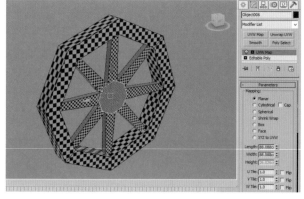

图2-57　调整稳固架的UV大小和位置

（7）对车轮外围防护轮的模型进行UV坐标编辑，同理编辑完成其中的一个坐标，再执行旋转复制的思路，如图2-58所示。执行修改器中的"UVW展开"命令，然后进入"UVW展开"的"顶点"层级，单击 （自由形式模式）按钮对UV的点进行局部调整，让UV最大限度地不拉伸，如图2-59所示。

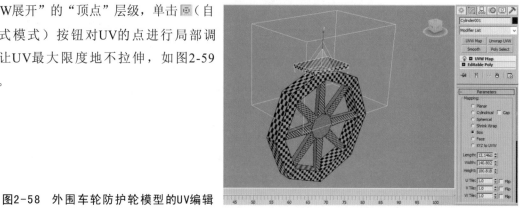

图2-58　外围车轮防护轮模型的UV编辑

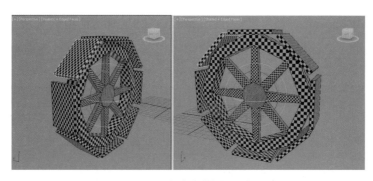

图2-59　外围防护轮整体UV编辑效果

（8）在完成车轮整体的UV的编辑后，根据模型定位，以Z轴为中心，对车轮进行镜像复制，得到整体的车轮UV效果，如图2-60所示。

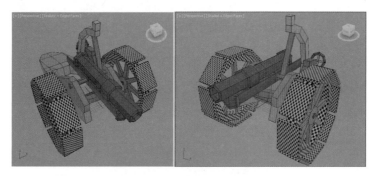

图2-60　车轮镜像复制效果

2.3.2　托架模型的UV编辑

（1）激活托架模型，根据托架的模型结构及动态变化进行UVW Map平展坐标的设置，然后在"位图参数"卷展栏中单击"Box（方形）"按钮，接着单击"对齐Z"按钮，再使用⊡（自由形式模式）按钮，对UV的点进行局部调整。托架的UVWJ基础设置如图2-61所示。

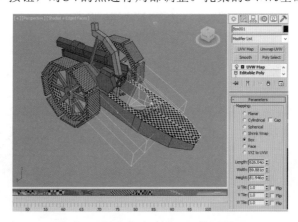

图2-61　托架的UVW展开及基础设置

（2）进入UVW Unwrap编辑面板，在"Edit UVWS"对话框中，单击工具栏中的 ▣（自由形式模式）按钮，然后将UV调整到合适的大小，选择侧面的面对棋盘格的黑白进行适度的调整，尽量使其与正面的棋盘格大小保持一致，如图2-62所示。

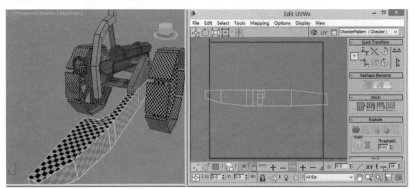

图2-62　侧面UVW编辑及调整适配

（3）对编辑好的托盘进行镜像复制，激活支架，给支架指定一个"Box（方形）"UVW展开，如图2-63所示，在"Edit UVWS"对话框中，单击工具栏中的 ▣（自由形式模式）按钮，然后将UVW调整到合适的大小，如图2-64所示。

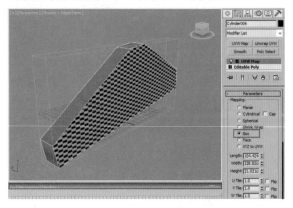

图2-63　支架UVW坐标的设置

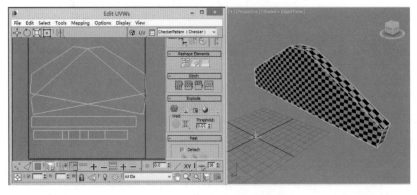

图2-64　支架UVW的编辑调整

（4）对编辑好UVW的支架模型以"Z"为中心进行镜像复制。根据炮台凹槽部分的模型结构，对凹槽内部及外部的UV进行统一展开。凹槽UV展开基础参数设置如图2-65所示。结合前面已经编辑好的UV棋盘格的大小，进入Unwrap UVW编辑器对凹槽进行适配，尽量使其与其他部位的棋盘格分布统一协调，如图2-66所示。

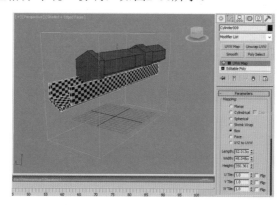

图2-65　凹槽UV展开基础参数设置

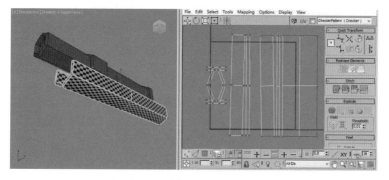

图2-66　凹槽UVW编辑适配效果

（5）给炮筒指定一个圆柱坐标并进行坐标UV展开。单击工具栏中的 ▣ （自由形式模式）按钮，将炮筒UV调整到合适的大小，如图2-67所示。然后单击工具栏中的 ▣ （比例）按钮，结合凹槽的棋盘格大小对炮筒的棋盘格大小进行调整，使二者相匹配，如图2-68所示。

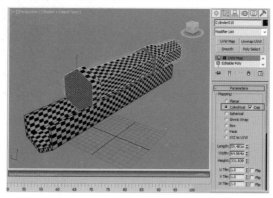

图2-67　炮筒UV展开基础设置

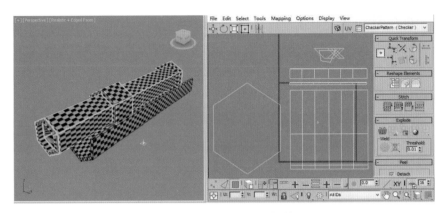

图2-68　炮筒UVW编辑调整效果

（6）显示托架各部分的模型，对凹槽前面的遮挡物进行UV展开及UVW编辑，注意在编辑的时候尽量结合模型的结构进行，如图2-69和图2-70所示。

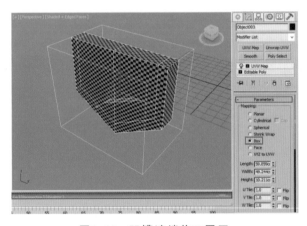

图2-69　凹槽遮挡物UV展开

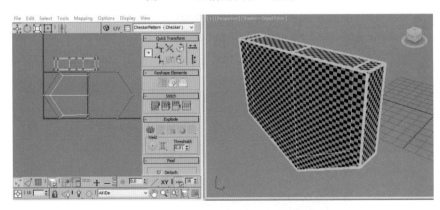

图2-70　凹槽遮挡物UVW编辑效果

（7）对托架各部分的连接杆的UV坐标进行展开，然后在行Unwrap UVW编辑器中对其逐一进行编辑，此部分操作略过，效果如图2-71所示。

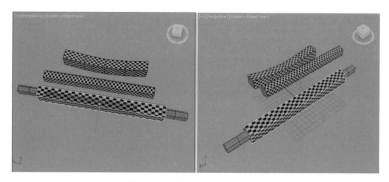

图2-71　连接杆UV编辑效果

（8）继续完善传送带、稳固架及旋转轮盘的UV展开及UVW编辑。根据每个部分不同模型结构的特点进行坐标指定及UVW编辑。注意托架整体与车身的统一，如图2-72和图2-73所示。

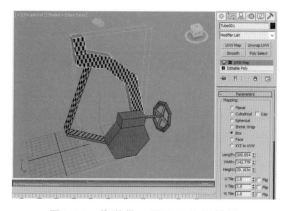

图2-72　传送带UV展开及编辑效果

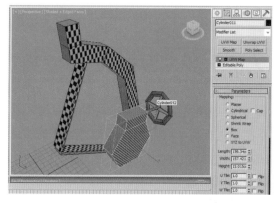

图2-73　稳固架UV展开及UVW编辑效果

（9）根据旋转轮盘的型特点，对轮盘各构成部分的UV进行分解，整体棋盘格的大小进行适配，如图2-74所示。

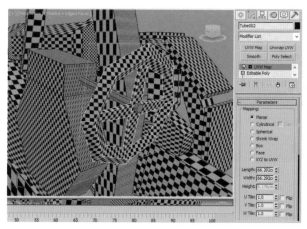

图2-74　展开旋转轮盘UV

（10）对战车整体模型的UV进行统一调整，使各部分的UV整体看起来尽量保持一致，得到整体战车UVW编辑效果，如图2-75所示。

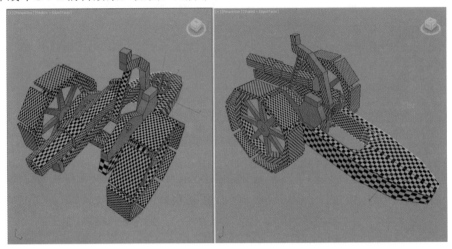

图2-75　战车整体UVW编辑效果

2.3.3　战车模型的UV排列

（1）选中战车整体模型，单击右键，在弹出的快捷菜单中选择Attach命令。对战车各部分模型进行逐一合并。然后根据建模的整体思路在修改命令面板中选择Unwrap UVW面板，在编辑面板中对编辑好的各部分的UV按照战车主次关系进行UV整体的排版：首先对战车托架的UV进行编辑，其次对侧面和正面的UV进行合并及编排，最后单击 ▣（自由形式模式）按钮对UV的点进行整体调整，如图2-76所示。

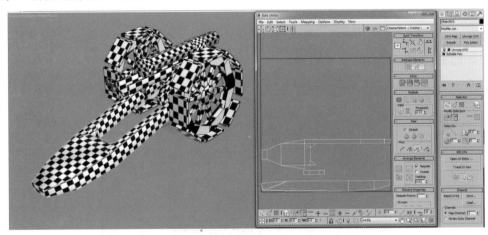

图2-76　战车UV编排修改

（2）按照托架的编辑排列思路，对炮身及凹槽部分的UV进行排列，结合托架一起进行整体的布局，效果如图2-77所示。

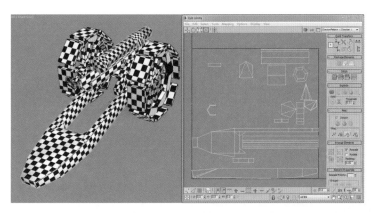

图2-77　炮身及凹槽UV编辑效果

> 提示：在排列展开标准UV的时候，对内侧看不到，或者不是很关键的部位的UV排布空间要适当缩小，对主体显示比较明确的部位UV要有意识地放大其排布面积，并根据棋盘格的纹理显示对其进行合理调试。

（3）对炮车连接体各部分的UV根据整体空间位置进行合理的分布，注意要处理好各部分UV之间的疏密关系。连接体UV排布如图2-78所示。

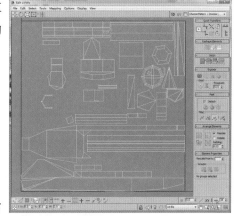

图2-78　连接体UV排布

（4）对车轮部分进行UV的编排。车轮的模型结构比较复杂，而且在整体结构定位上相对炮身来说重要性没有那么高，因此在排布时车轮所占UV空间要合理。车轮UV排布效果如图2-79所示。战车整体UV排布效果如图2-80所示。

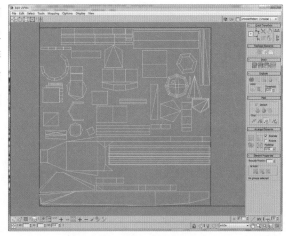

图2-79　车轮UV编辑及整体排布效果

第2章　三维场景物件制作——战车

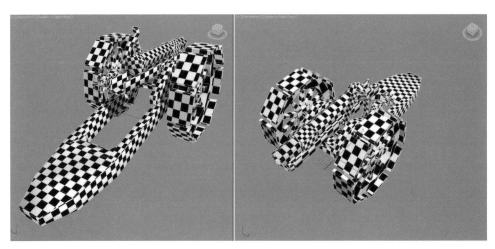

图2-80　战车整体UV排布效果

2.4　战车纹理的绘制

在完成战车模型、UV的整体制作及编辑之后，接下来进入战车纹理的绘制。制作战车这部分内容可分为灯光烘焙纹理贴图和战车材质纹理贴图。

2.4.1　灯光烘焙纹理贴图

（1）设置环境光。执行菜单中的"渲染"|"环境"命令（或按键盘上的"8"键），在弹出的"环境和效果"对话框中单击"染色"下的颜色按钮，在弹出的"颜色选择器：全局光色彩"对话框中将"亮度"调整为146，如图2-81所示。同上，将"环境光"的亮度调整为94。

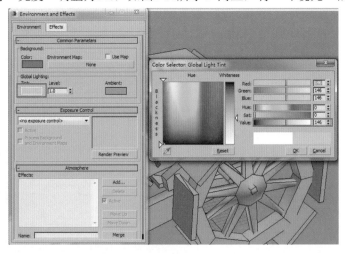

图2-81　设置环境参数

（2）创建泛光灯。单击 （创建）面板下的 ▣（灯光）按钮，选择Omni"泛光灯"选项，然后在顶视图前方创建一个泛光灯作为主光源，调整双视图显示模式，切换到"透视图"调整泛光灯位置，如图2-82所示。根据战车材质属性的特点，结合模型对灯光的参数进行设置，如图2-83所示。

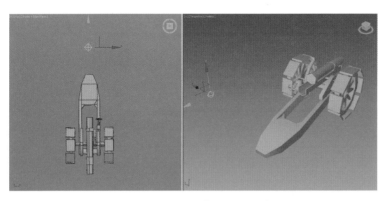

图2-82　泛灯光创建及位置调整　　　　　图2-83　调整泛光灯基础参数

（3）创建战车环境辅光源（环境光、反光），复制泛光灯。按住键盘上的Shift键复制一个"泛光灯"作为背面的主光源，然后在弹出的"克隆选项"对话框中单击"对象"下的"复制"按钮，将泛灯光分别复制到战车模型后部的A、B两个点，同时对辅光的参数进行适当的调整，如图2-84所示。

图2-84　复制泛光灯作为后端环境

（4）选择后面的两个灯光，按住Shift键将其拖动到模型的前端，复制两盏"泛光灯"作为前部环境的辅助灯光，如图2-85所示。根据主光源的参数及环境变化，适当地调整前端辅光的参数，同时适当地调整灯光的位置，如图2-86所示。

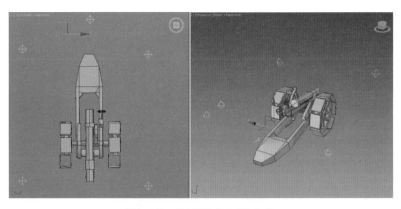

图2-85　前端辅光复制定位

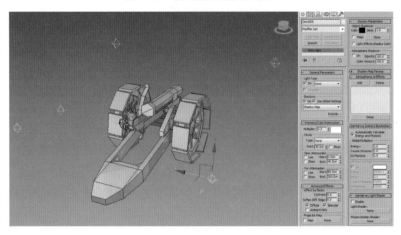

图2-86　前端辅光参数调整

（5）根据战车模型的结构及灯光设置，调整主光及各个辅光泛光灯参数。进入 （修改）面板，在"强度/颜色/衰减"卷展栏下对"倍增"值进行调整，渲染战车模型效果如图2-87所示。按0快捷键，打开"渲染到纹理"菜单栏，对菜单栏的烘焙参数进行设置，烘焙参数基础设置如图2-88所示。注意渲染设置包括渲染的尺寸大小、渲染的模式及渲染通道一定要正确。

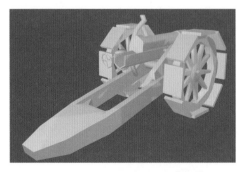

图2-87　战车模型灯光渲染效果

图2-88　烘焙参数的设置

（6）根据参数设置单击烘焙栏下方的Render按钮对战车进行渲染，得到一张根据模型UV排布的明暗纹理图，如图2-89所示。

图2-89　烘焙纹理效果

2.4.2　战车材质纹理贴图

（1）提取战车UV的结构线，激活战车模型，进入Unwrap UVW编辑窗口，单击Tool菜单下面的渲染按钮，在弹出的菜单中设置渲染输出的尺寸，如图2-90所示。

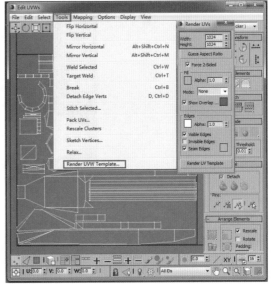

图2-90　UV结构定位输出设置

（2）激活Photoshop软件，进入PS的绘制窗口，打开战车的UV结构线，将结构线提取出来，单击"选择"菜单下面的"色彩范围"选项，将填充方向设置为"反向"，单击"确定"按钮，得到选取的线框，如图2-91所示。对选取的UV结构线进行填充，按住Ctrl+Delete键进行前景色的填充，得到底层和结构线分层PSD文件。将PSD文件命名为"战车"进行保存，如图2-92所示。

第2章　三维场景物件制作——战车

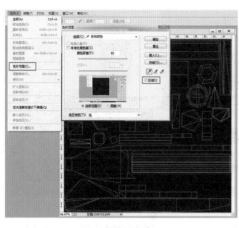

图2-91 提取UV线框

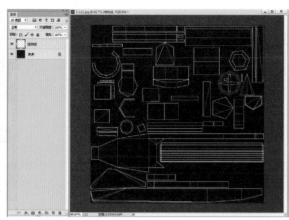

图2-92 UV结构线分层文件

（3）将打开的Max渲染输出的烘焙明暗纹理拖动到UV结构线图层的下面，作为基础纹理底层，利用工具箱中的 （魔棒）工具，选择背景为黑色的选区，然后按住Ctrl+I快捷键进行反选，执行Ctrl+J快捷键复制一个图层，得到比较完整的要绘制贴图的选区，如图2-93所示。

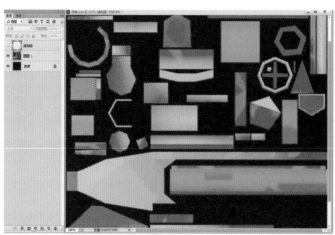

图2-93 绘制纹理选区定位

（4）指定贴图纹理文件"战车"到Max里面的战车模型，观察战车三维模型里的明暗显示效果。结合Photoshop对整体明暗色彩关系进行调整。战车材质显示效果如图2-94所示。

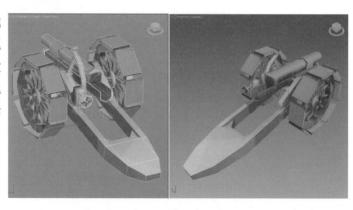

图2-94 战车材质显示效果

（5）找一张比较合适的金属纹理材质，作为战车金属纹理的基础色彩，并将其与前面烘焙出来的黑白纹理进行图层的混合。金属纹理与明暗纹理果如图2-95所示。设置金属纹理与明暗纹理的图层混合模式为"叠加"模式，得到整体的战车纹理效果，如图2-96所示。

图2-95　金属纹理与明暗纹理

图2-96　"叠加"混合纹理材质效果

（6）运用Photoshop的色彩调整模式，对叠加的金属纹理及明暗纹理进行基础色彩明度、纯度、饱和度的调整，如图2-97所示。将调整后的色彩指定给战车模型，得到战车的基础色彩纹理变化，如图2-98所示。

图2-97 战车金属纹理色彩

图2-98 战车大体材质显示效果

(7) 结合模型、UV的分解方式，结合战车主体光源的变化，对托架、炮身、连接体及车轮各部分亮部及暗部的纹理材质质感进行精细的刻画。托架部分的纹理刻画效果如图2-99所示。将绘制完成的纹理材质应用到战车的模型，并从不同的角度观察模型的材质显示效果，如图2-100所示。

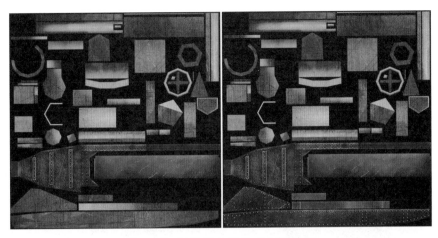

图2-99 托架部分的纹理刻画效果

图2-100 托架模型材质显示效果

（8）结合托架的材质纹理及光影的变化对炮身、凹槽部分的纹理进行深入刻画，注意贴图的高光、明暗以及破损、污渍。炮身及凹槽材质贴图完成效果如图2-101所示。

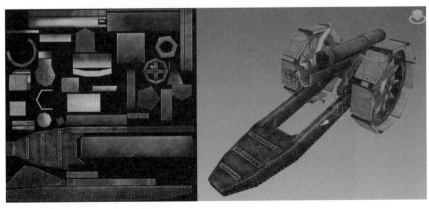

图2-101 炮身及凹槽材质贴图完成效果

（9）对炮身和托架主体之间的连接杆的纹理根据光影变化进行整体的绘制。这一部分相对主体来说纹理细节更概括，更多的是衬托战车主体部分的纹理细节，因此在刻画的时候要注意处理好虚实关系及黑白灰层次的变化。连接杆的纹理刻画效果如图2-102所示。

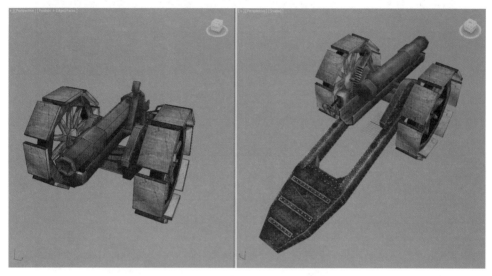

图2-102　连接杆纹理刻画效果

（10）对战车模型结构中最复杂的车轮部分的纹理细节进行精细的刻画。从托架及炮身的亮部与暗部吸取色彩，对车轮色彩的明度、纯度、饱和度等方面进行调整，把握好车轮与炮身各部位的色彩冷暖变化及破损效果的表现，如图2-103所示。把绘制好纹理材质指定给战车模型，根据战车模型的结构及光影关系对纹理整体进行精细刻画。战车整体材质效果如图2-104所示。

图2-103　战车整体纹理材质刻画效果

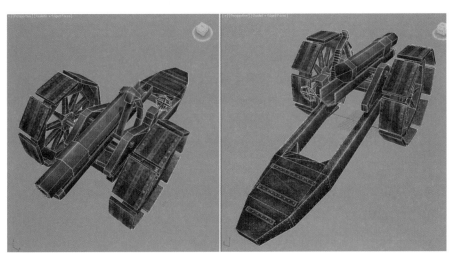

图2-104　战车整体材质刻画效果

2.4.3　调整模型与贴图的统一性

在贴图绘制完成后，一定要把贴图赋予给模型并进行最终检查。因为绘制贴图是在二维的空间中绘制的，难免会与模型匹配的三维空间发生偏差。特别是各连接部分接缝位置的衔接要针对UV及纹理进行统一调整。指定纹理给模型添加后，贴图的材料质感及光影关系与示意图统一协调之后，三维模型材质的制作工作才算真正结束。最终完成的战车展示效果如图2-105所示。

图2-105　战车的最终完成效果

小结

本章介绍了写实三维场景的制作流程，重点介绍了写实三维场景物件的模型结构、UV编辑处理以及色彩绘制的特点，并结合实例讲解了如何使用3DS Max配合Photoshop制作三维模型及绘制纹理贴图的技巧。通过对本章内容的学习，读者应当对下列问题有明确的认识。

（1）掌握写实三维场景模型的制作原理和应用。

（2）了解三维场景在影视、动漫、游戏等领域的应用

（3）了解三维场景UV编辑的技巧。

（4）掌握场景物件灯光设置的技巧及渲染流程。

（5）掌握场景物件纹理材质的绘制流程。

（6）重点掌握三维场景中金属材质纹理的绘制技巧。

练习

根据本章场景物件模型制作及UV编辑的技巧，结合Photoshop绘制纹理贴图的制作流程，从网上或者光盘中选择一张场景物件原画进行模型制作。注意UV编辑、灯光渲染烘焙、材质纹理制作的流程，注意把握好三维场景主体元素与物件的结构、色彩关系。

第 **3** 章 室内场景制作——魔法屋

本章以制作具有卡通风格的三维场景——魔法屋为例，详细介绍了室内三维场景主体建筑及物件模型的制作规范和材质绘制技巧，并结合PS的绘制技巧介绍了如何使用3D Max制作场景建筑及物件。

- ● **实践目标**
  - – 了解三维场景主体建筑的制作思路及规范流程
  - – 了解魔法屋的制作规范及技巧
  - – 掌握魔法屋UV编辑思路及贴图技巧
  - – 掌握魔法屋手绘材质纹理的技巧
- ● **实践重点**
  - – 掌握魔法屋的制作流程及技巧
  - – 掌握魔法屋UV编辑技巧及排列要求
  - – 掌握魔法屋手绘材料质感的技巧
- ● **实践难点**
  - – 掌握魔法屋的制作及UV编辑流程
  - – 掌握魔法屋手绘材料质感的技巧及应用

在三维场景制作中，透视关系在设计中非常重要。不管是室内还是室外，建筑的整体美术风格在三维产品的整体艺术风格定位中起着决定性的作用，因为建筑能明显地体现时代特征、历史时代风貌、民族文化特点等，所以在三维场景中制作建筑的难度最大。本章以制作魔法屋为例详细地讲解卡通风格三维场景中完整建筑的制作方法。图3-1与图3-2为卡通风格场景——魔法屋的渲染效果图。

图3-1　魔法屋侧面色彩效果

图3-2　魔法屋正面色彩效果

在制作三维场景之前，需要要根据项目要求对魔法屋的场景进行分析，对要制作场景的美术风格进行定位，掌握卡通风格手绘材质纹理贴图技术。

魔法屋文案描述如表3-1所示。

表3-1 魔法屋文案描述

名　　称	魔法屋
用　　途	魔法商品交易场所
简　　介	这个魔法屋为魔幻风格室内场景建筑，人物在这里和NPC商人进行各种交易
内部细节	在主体建筑的基础上，内部建筑添加了很多丰富场景的魔法井、盆罐等建筑装饰以及酒坛、水晶等能突出建筑风格用的物件道具

根据文案描述，魔法屋的整体制作分为三个大环节：①魔法屋场景模型的制作；②魔法屋模型UV的编辑；③魔法屋纹理贴图绘制。

3.1 魔法屋场景模型的制作

魔法屋整体建筑由多个模型组成，包括墙壁主体、门窗、柱子、地板、装饰物件等，在制作时按照由大到小、由主到次的顺序进行，根据每个模型各自的特点应用不同的制作方法。魔法屋场景制作分为两大环节：①建筑主体模型的制作；②室内物件的制作。其中建筑主体是整个建筑的框架，建筑物主体周围的装饰性物件是为了更好地衬托魔法屋主体的色彩效果。

在制作之前结合前面的制作规范对3DS Max进行单位尺寸的设置，以便在后续制作各个部分模型时能统一模型的大小，能更好地把握模型的结构关系。单位尺寸设置如图3-3所示。

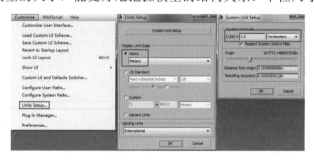

图3-3 单位尺寸设置

3.1.1 建筑主体模型的制作

（1）打开3DS Max软件，单击 ▦（创建）面板下的 ▢（几何体）中的"长方体"按钮，然后在透视图中单击即可创建长方体，向水平方向拖动即可定义长方体的参数，再向垂直方向拖动即可定义长方体的高度，接着单击鼠标右键即可结束创建。最后在 ◢（修改）面板中将模型的长度、宽度和高度分别设置为10.8m、12.8m和0.1m，长度、宽度和高度分段数均为1，同时将创建的长方体命名为"地板"，如图3-4所示。

图3-4 地板长方体的创建

（2）选择地板模型，并在视图中鼠标右键单击，从弹出的快捷菜单中选择"转换为|转换为可编辑多边形"命令，将长方体转为可编辑多边形物体。然后按大键盘上的数字键4，进入模型的■（多边形）层级，选择地板下面的面，按键盘上的Delete键将其删除（为节省资源），同时对上面的面进行调整，结果如图3-5所示。接着选择地板上面的面，利用工具栏中的■（选择并均匀缩放）工具进行缩放，在水平方向上将其适当缩小，结果如图3-5所示。

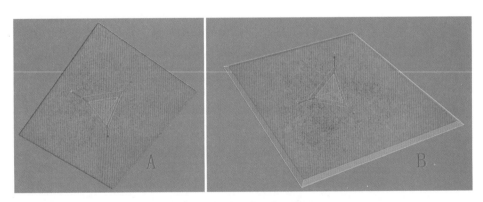

图3-5 初步调整地板模型

> 提示：在游戏制作中为了节省资源，通常要将看不到的多边形进行删除。为了便于区分长方体，可以给复制出的长方体赋予不同的颜色。

（3）按住Shift键结合移动键往上拖动创建的地面模型，在弹出的对话框中选择"复制"选项后，即可复制模型，单击"确定"按钮，关闭对话框。将复制的模型命名为"地毯"，最后利用工具栏中的■（选择并均匀缩放）工具将新复制出来的模型在垂直方向压扁和缩放，并将其放置到坐标的中心，同时再在中间位置添加中心线，如图3-6所示。

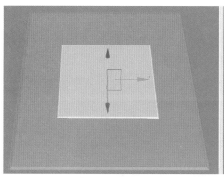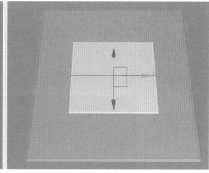

图3-6　地毯模型复制效果

（4）制作魔法屋墙体的模型结构造型。根据地板的长宽比，拖动长方体进行墙体模型的创建。将上面模型的底部与下面模型的顶部对齐,创建后将其转换成可编辑的多边形物体，选择墙体上下面的面进行删除，如图3-7所示。

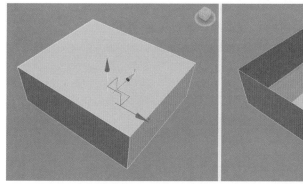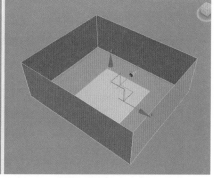

图3-7　墙体模型结构创建

（5）给墙体进行厚度模型的复制。选择墙体外围的模型，运用缩放工具按住Shift键进行复制，选择复制再单击"确定"按钮，然后对复制的模型的大小进行调整，将其作为墙体的内层墙体，如图3-8所示。

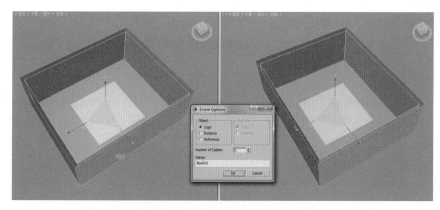

图3-8　墙体内层结构创建

（6）给墙体制作护栏，作为墙体支体框架。单击创建栏下面的管状体，设置支架物体参数，如图3-9所示。激活旋转工具，设置旋转角度为45度，调整支架位置，使其与墙体的形体进行合理匹配。然后按键盘上的数字键4，进入 ■（多边形）层级，接着选择中架体下面的面将其进行删除，如图3-10所示。

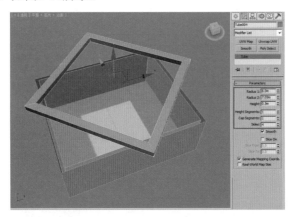

图3-9　支架物体基础创建

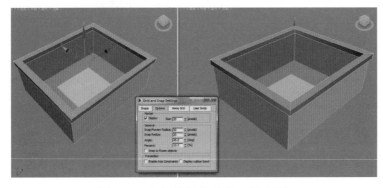

图3-10　支架物体与墙体匹配设置

（7）选中支架体，按住Shift键，运用移动工具往下拖动进行复制。当支架移动到墙角位置时即可作为墙角线的结构造型。进入 ■（多边形）层级，删除下面的面，选择新生成的墙角模型将其与墙体进行精确的匹配，如图3-11所示。

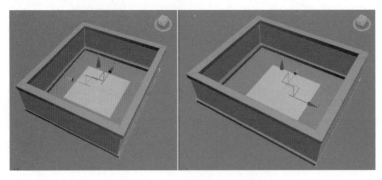

图3-11　墙角模型基础编辑

（8）创建墙柱模型的结构。注意在制作时只需完成其中的一边，其他边的模型可以根据轴线进行复制而得到完整的墙柱模型结构。选择新生成的多边形，调整多边形的参数，利用 ▣（选择并均匀缩放）工具缩放多边形，将其与墙体进行匹配，如图3-12所示。

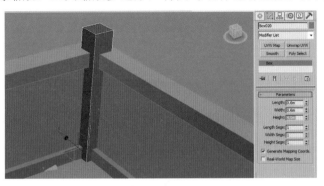

图3-12　墙柱模型基础创建

（9）转换墙柱模型为可编辑的多边形物体，进入 ▣（多边形）层级，选择最上面的多边形，在编辑栏下方利用"倒角"工具挤出墙柱转角结构。重复"倒角"命令，往上拉出墙柱顶部的基础造型，如图3-13所示。

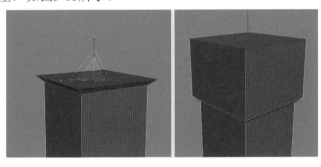

图3-13　制作墙柱的结构造型

（10）显示墙体的模型。制作墙体上面的横梁模型。首先在墙柱的侧面创建一个六边形圆柱。其次将其转换为可编辑多边形，对横梁的顶点根据造型定位进行调整，如图3-14所示。最后结合墙体对横梁的结构进行面的挤压，使两个部分结合在一起，效果如图3-15所示。

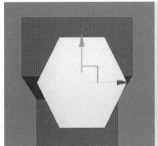 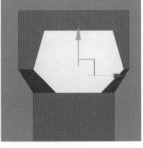 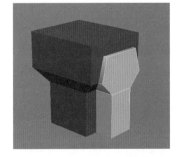

图3-14　制作横梁的基础结构造型　　　　图3-15　调整横梁基础造型

（11）选择横梁外侧的边，进入 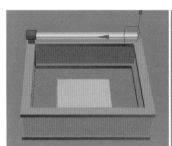（边）层级，选择边按照X轴往前方进行拉伸，延续到对面的墙角部位，同时复制墙柱到右侧，如图3-16所示。然后选择上侧的墙柱及横梁按住Shift键移动，将其复制到墙体的下侧。对横梁模型进行90度旋转，将其复制在墙体左右两侧，并使其与墙柱的进行适配，效果如图3-17所示。

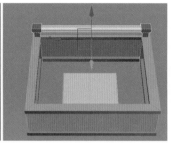

图3-16　横梁整体模型编辑　　　　图3-17　墙体及横梁整体复制调整

（12）对魔法屋墙体结构门窗的模型结构进行刻画。注意门窗与墙体的结构是穿插结构，四面墙体的结构组合也各不相同，因此该部分须先制分离墙体的面，在墙面的一侧创建圆管作为门框的基础造型。设置圆管的基础参数和大小，如图3-18所示。

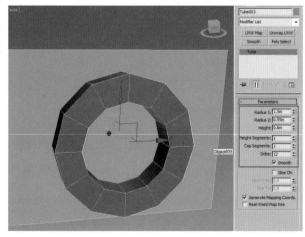

图3-18　创建圆管门框设置

（13）将门框转换为可编辑的多边形物体，进入 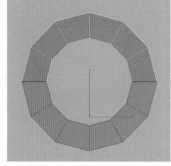（多边形）层级，选择圆管下面的多边形，然后按键盘上的Delete键删除其中一半的面。对左侧的面进行镜像复制，接着进入 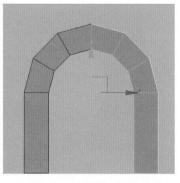（边）层级，调整门框的大小，效果如图3-19所示。

图3-19　调整门窗基础结构造型

（14）对门框的造型结构进行细节的刻画。进入 ▣（多边形）层级，选择门框的多边形物体，运用剪切工具对门框的中间及侧面添加线段，如图3-20所示。利用工具栏中的 ▣（选择并均匀缩放）工具将挤压出来的模型线段在垂直方向上缩放，再在水平方向上适当放大，最后与门框主体部分挤压出厚度。适当地调整挤压出来面结构的造型变化，结果如图3-21所示。

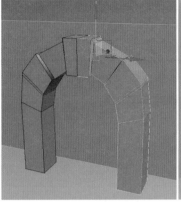
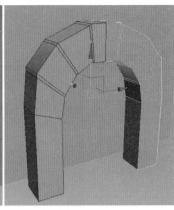

图3-20　门框基础结构调整

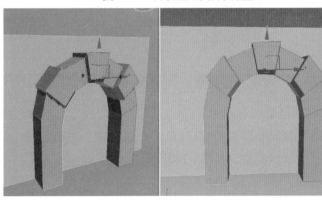

图3-21　门框二级结构制作

（15）根据魔法屋整体结构造型设计特点，在制作完成一个门框基本结构之后，按住Shift键将其移动即可复制出另一个门框。利用 ✛（选择并移动）工具移动到合适的位置，注意与墙体的结构尽量吻合。进入▣（面）层级，选择侧面的面，单独制定光滑组，删除背面看不见的面，如图3-22所示。

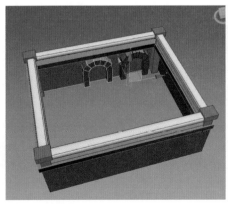
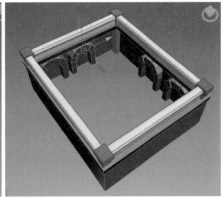

图3-22　复制门框及调整光滑组

（16）给魔法屋制作内外能穿透的门。与前面制作的室内门框不一样，魔法屋有两扇打开的门，并且开门的位置不能放在中间部位，要稍微有点靠边。创建长方体调整门的位置及大小，运用布尔运算将墙体与门的模型进行差集运算。布尔运算基础设置如图3-23所示。

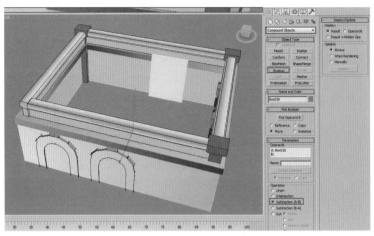

图3-23　创建长方体作为门的运算体

（17）激活墙体模型，按"布尔"键，在下拉菜单中激活"拾取操作对象B"按钮。在长方体上单击，得到掏空的墙体模型，如图3-24所示。

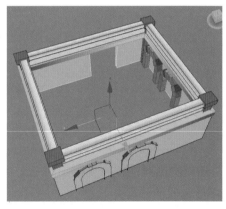

图3-24　布尔运算制作

（18）重复上面的操作，再次创建一个长方体，调整位置并适当调整大小，然后移动到侧门合适的位置。运用布尔运算计算出侧门的结构造型，然后将侧门转换为可编辑的多边形物体，如图3-25所示。

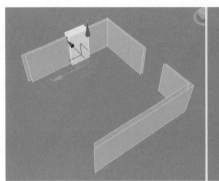
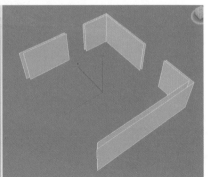

图3-25　侧门布尔运算制作

（19）显示创建的魔法屋整体模型结构，对墙角模型进行处理。根据门的大小对墙角结构进行线段剪切即可创建小楼的二楼，如图3-26所示。

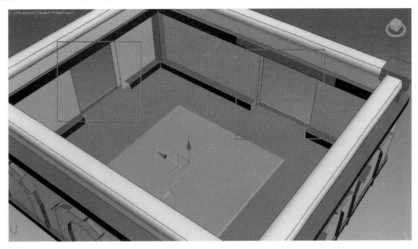

图3-26　创建小楼的二楼

（20）给开门的两侧创建门柱。调整门柱的基础参数，将其放置到合适的位置，将门柱转换成可编辑的多边形物体。进入长方体 ■（面）层级模式，对选中的底盘的面进行倒角并向上拉动调整大小，如图3-27所示。再对选择的面进行挤压制作出门柱中间部分的结构，将其延伸到上面横梁的位置进行结构的穿插。同时对门柱模型进行复制，得到比较完善的门柱的结构，如图3-28所示。注意门柱多边形的颜色与墙体两个长方体的材质不同，需用不同的颜色加以区分。

图3-27　制作门柱底盘基础结构

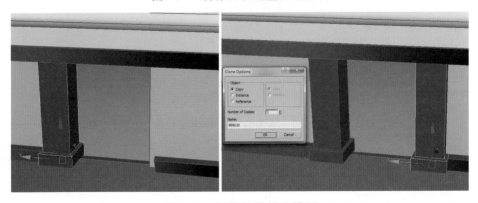

图3-28　调整门柱整体模型

第3章　室内场景制作——魔法屋

79

（21）选择制作好的两边门柱上的多边形，按住Shift键用鼠标拖动，复制出一个，并利用 （选择并移动）工具向前移动，然后利用 （旋转工具）将其旋转90度，使其与门框的位置对齐，如图3-29所示，注意与墙体边缘也要尽量对齐。

图3-29 复制并调整门柱上的多边形

（22）在完成门柱模型结构之后，接下来结合主体建筑对墙体装饰物结构进行模型的制作，丰富墙面的结构造型。选中墙体模型，在墙体前面创建一个长方体，设置长方体的基础参数，如图3-30所示。

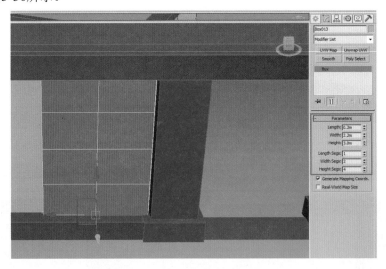

图3-30 墙体装饰物件模型设置

（23）将长方体转换为可编辑的多边形，进入 （点）层级模式，选择每个层级的点，利用 （选择并均匀缩放）缩放对各部分结构进行适当调整，如图3-31所示。对制作的墙体装饰物模型进行平移复制，如图3-32所示。

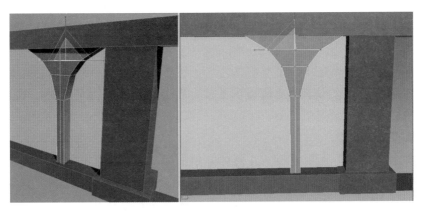

图3-31　墙体装饰物模型编辑

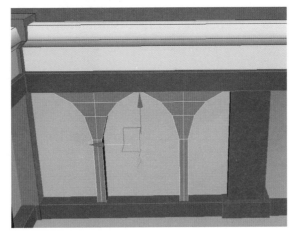

图3-32　复制墙体装饰物模型

（24）根据魔法屋整体室内设计布局，对其他三面添加墙体装饰物。选择已创建的装饰物元素，运用移动、复制、旋转的制作思路对装饰物进行整体调整，使其与墙体模型匹配、对位，注意处理好墙壁、门柱及装饰物之间的结构关系，如图3-33所示。

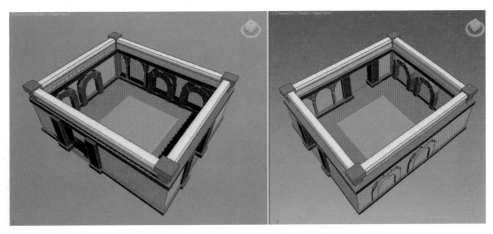

图3-33　墙体装饰物复制调整

3.1.2 魔法屋室内物件的制作

在完成魔法屋的主体建筑的模型制作之后，接下来对魔法屋室内的物件进行制作。物件的种类应根据场景文案需求及功能需求进行合理布局。按照从大到小、由主到次的制作思路进行细节的完善。

1.制作帆布支架模型

（1）单击 （创建）面板下 （几何体）中的"长方体"按钮，在透视图中创建一个长方体，然后在 （修改）面板中设置模型的参数，接着利用 （选择并移动）工具，在透视图中将长方体移动到如图3-34所示的位置。选择该长方体并在视图中单击鼠标右键，从弹出的菜单中选择"转换为"|"转换为可编辑多边形"命令，将长方体转换为可编辑多边形物体。进入 （多边形）层级删除底部的面，如图3-35所示。

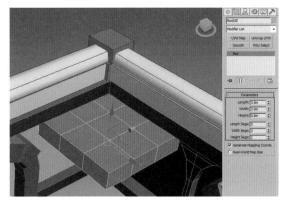
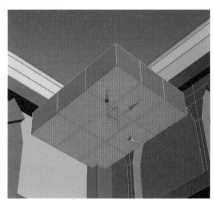

图3-34　帆布基础模型创建　　　　　　　　图3-35　调整形状并移动

（2）选择刚才创建的帆布多边形，进入 （点）层级，利用 （选择并移动）工具对帆布边缘的结构进行调整，并且打断垂下的点，对每个点进行结构的调整。对帆布顶面的点进行调整，制作出布纹的模型结构造型，效果如图3-36所示。

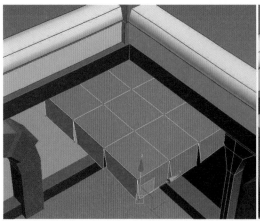
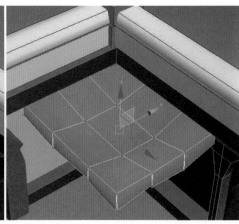

图3-36　调整帆布基础结构造型

（3）创建帆布的支架模型，结合前面的制作思路，对支架模型的结构进行调整，效果如图3-37所示。

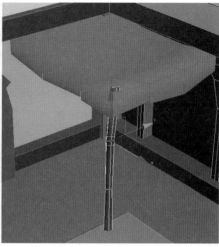

图3-37 调整帆布支架模型

2.制作瓦片模型

（1）单击 ![创建] （创建）面板下 ![几何体] （几何体）中的"长方体"按钮，创建一个长方体作为瓦片的基础造型，然后在 ![修改] （修改）面板中设置模型的参数。接着利用 ![选择并移动] （选择并移动）工具，在透视图中将这个圆柱体移动到如图3-38所示的位置。对长方体模型稍作角度旋转，并在视图中单击鼠标右键，在弹出的菜单中选择"转换为可编辑多边形"命令，将圆柱体转换为可编辑多边形物体，并进入 ![多边形] （多边形）层级删除下面的面。对瓦片的结构造型进行细节的调整，如图3-39所示。

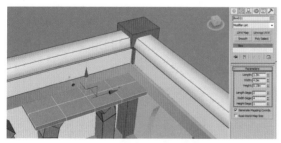
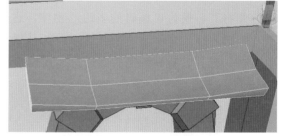

图3-38 瓦片基础模型设置   图3-39 瓦片大体结构造型

（2）在完成瓦片的基础形体结构后，给瓦片两边的横梁进行基础形体的创建。转换成可编辑的多边形后进入 ![点] （点）层级，选择横梁的外围点，根据卡通风格，对前面模型的结构适当地进行夸张变形，利用 ![选择并匀称缩放] （选择并匀称缩放）工具对横梁后端的造型适当缩小，注意近大远小的透视变化，如图3-40所示。然后进入 ![顶点] （顶点）层级利用 ![选择并移动] （选择并移动）工具将横梁前面的两圈顶点在垂直方向进行微调，同时根据瓦片的模型结构，选择移动复制，将横梁移动到瓦片上，使其与模型匹配的位置，如图3-41所示。

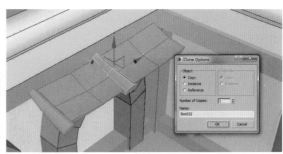

图3-40　横梁基础模型结构调整　　　　　图3-41　横梁与瓦片整体调整

（3）根据魔法屋整体结构布局的设计，在制作完成横梁的模型后，接下来制作横梁下面的灯具的模型。单击长方体，对长方体进行基本形体结构的编辑，使其作为灯具中心的主体，效果如图3-42所示。

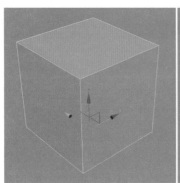
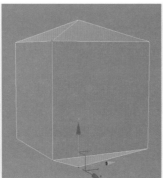
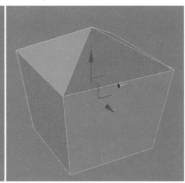

图3-42　灯具主体大体结构制作

（4）制作灯具侧面的结构模型。在灯具的侧面创建一个长方体，设置长方体的基础参数，并将其转换为可编辑的多边形物体，进入 □（点）层级，对多边形进行形体结构的调整，如图3-43所示。进一步调整侧面灯具模型的结构，然后对侧面模型利用 ✛（选择并移动）、↻（选择并旋转）等工具进行多次调整，效果如图3-44所示。

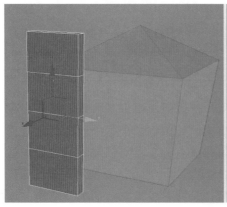
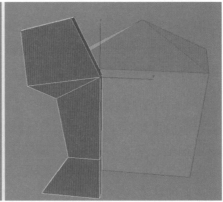

图3-43　灯具侧面模型大体结构

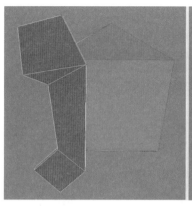
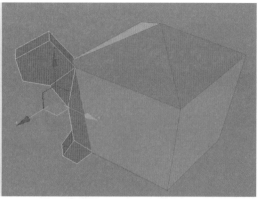

图3-44　调整灯具侧面模型

（5）根据灯具的整体模型结构变化，对侧面模型以灯具主体为中心，从四个角度分别进行复制，得到完整的灯具主体部分的模型，效果如图3-45所示。

图3-45　灯具主体结构效果

（6）继续对灯具与瓦片的链接部分的模型结构进行制作。链接部分主要用面片来制作，后续做纹理的时候采用透明贴图来制作。此处采用实体模型和面片相结合的方式逐步完成灯具的整体模型，如图3-46所示。

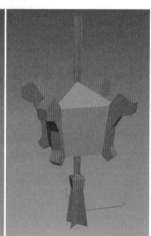

图3-46　灯具整体模型结构制作

（7）合并并调整制作完成的灯具模型造型。移动灯具模型到瓦片模型的对角位置。整体复制模型，将其移动到瓦片的对面，注意整体空间布局的变化，如图3-47所示。

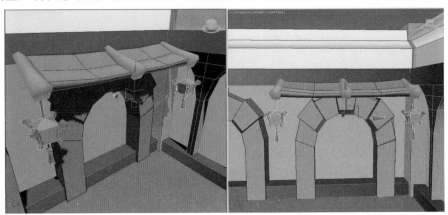

图3-47　灯具复制及整体修改

（8）对制作完成的灯具、瓦片及横梁进行打组，根据魔法屋整体设计的需要，分别在魔法屋主体建筑门框的外部结构上面复制两个打组完的模型组合，注意与门框位置的合理匹配，如图3-48所示。

图3-48　门框上面屋瓦片复制对位

（9）在瓦片及灯具等组合体下面创建一个支架物体，使墙体与屋顶组合模型的结构得到比较合理的匹配，如图3-49所示。

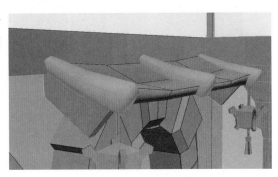

图3-49　制作支架物体模型

3.制作室内物件道具组合

下面开始制作室内地面的物件的模型。

（1）根据室内整体的布局合理安置地面物件，每个物件要根据场景整体风格及丰富画面的需要来调整物件的造型及大小，室内瓦片下面的栅栏模型制作如图3-50所示。

（2）对栅栏上面的装饰物及连接体的模型进行定位，制作其中一个元素，然后利用 （选择并旋转）工具沿水平方向旋转90度，接着利用 （选择并匀称缩放）工具调整大小，最后利用 （选择并移动）工具移动到如图3-51所示的位置。

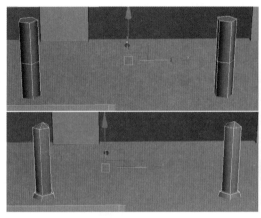

图3-50　制作栅栏基础结构　　　　图3-51　制作栅栏装饰物结构

4.制作水晶体模型

（1）使用与前面制作柱子相同的方法制作水晶基本形体的结构：新建一个长方体，设置好基础参数，转换可编辑物体，同时调整长方体的外型和大小比例，如图3-52所示。

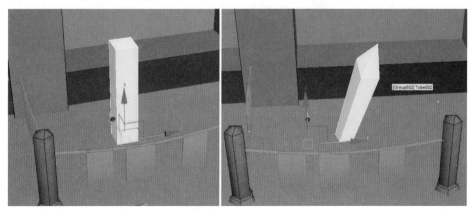

图3-52　制作水晶体基础模型

（2）选择制作好的水晶元素，按住Shift键移动水晶体模型，多次操作进行复制，利用 （选择并匀称缩放）工具调整大小，同时将复制好的水晶体进行不同角度的旋转。最后将水晶体摆放成如图3-53所示的样子。

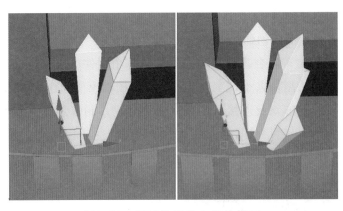

图3-53　复制并摆放水晶体模型

（3）选择制作好的水晶集合体进行群组，然后在瓦片下面靠近墙体的部位对其进行复制，增添场景的元素，再利用 ✛（选择并移动）工具对其移动到如图3-54所示的位置。然后利用 ↻（选择并旋转）工具沿水平方向旋转一定的角度，接着利用 ▣（选择并匀称缩放）工具调整水晶体的大小。

图3-54　水晶体复制与放置效果

（4）根据魔法屋的整体布局设计，在屋子外围可适当地放置多个水晶体以丰富魔法屋场景的元素，效果如图3-55所示。

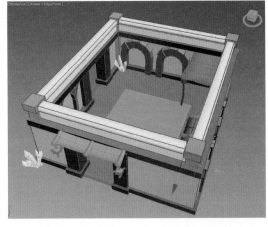

图3-55　屋外水晶体布局安排

5.制作罐子的模型

在魔法屋的设计中，罐子的结构造型与其他物件相比种类更丰富，在制作完成其中的一个罐子之后，可以在其本体的基础上进行局部的造型变化以得到更多的形体。

（1）创建一个长方体，转换成可编辑的多边形物体，进入 ⊡（点）层级模式，再利用 ▣（选择并匀称缩放）工具调整罐子上部及下部的结构造型，然后利用 ✛（选择并移动）工具移动到合适的位置，最后进入 ▣（多边形）层级，选择底部的多边形，按Delete键进行删除，效果如图3-56所示。

图3-56 制作罐子的结构造型

（2）结合上面的制作流程规范，继续完成其他类型物件的模型制作，如花瓶、木箱、木盆等。最后对每个物件的位置及大小进行调整，效果如图3-57所示。

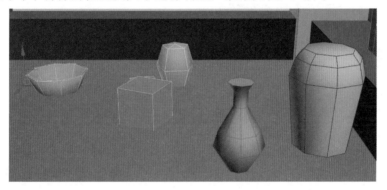

图3-57 制作组合物件模型

（3）选中制作的地面装饰物，根据场景的整体布局，在不同的位置对物件进行复制，然后利用 ✛（选择并匀称缩放）工具调整复制物的大小，再利用 ▣（选择并移动）工具将复制物移动到如图3-58所示的位置。

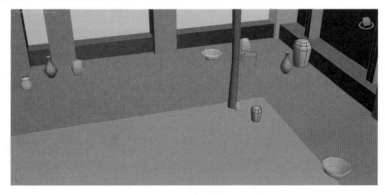

图3-58 地面物件结构布局

第3章 室内场景制作——魔法屋

89

6.制作桌凳的模型

（1）制作桌子的模型。在中心位置创建一个长方体，同时创建一个柱体，适度调整参数设置作为基本形体，设置如图3-59所示。按照同样的创建思路，制作桌子旁边的凳子的模型结构。选择 ▣ （选择并匀称缩放）工具调整凳子的大小，接着将其复制出3个，再利用 ✥ （选择并移动）工具将凳子移动到如图3-60所示的位置。

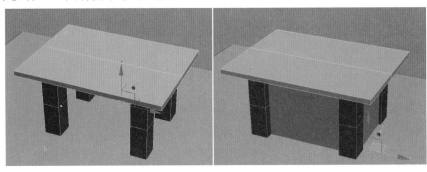

图3-59　场景中心桌子基本形体制作

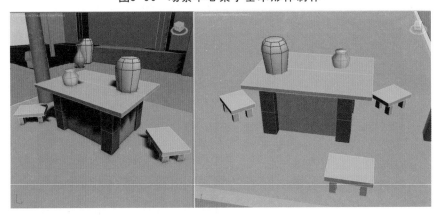

图3-60　制作凳子的基础模型

（2）在完成凳子的基本形体结构之后，由于魔法屋整体定位需求为三维卡通风格，因此场景物件的形体造型尽量不要是直线结构。所以激活桌子的基础模型，转换成可编辑的多边形，进入 ▦ （点）层级模式，对桌面的形体结构进行细节造型的刻画，如图3-61所示。

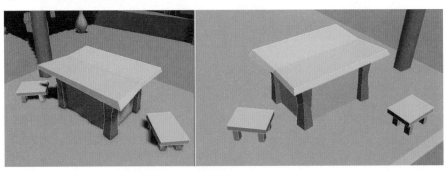

图3-61　桌面形体造型的刻画调整

（3）结合桌子的结构造型制作方式，对凳面及凳腿的结构模型也进行调整，如图3-62所示。

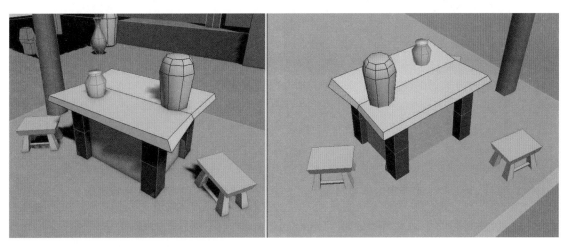

图3-62　凳子形体结构调整

7. 制作水井和水桶的模型

水井在整体场景设计中属于比较重要的构成部分，其形体结构也比较复杂，对水井起到点缀作用的还有木桶。

（1）创建一个圆柱体作为水井的基础形体，对圆柱体的基础参数进行设置，如图3-63所示，将其转换为可编辑多边形物体，然后进入 （点）层级模式，对水井的模型结构进行调整，如图3-64所示。

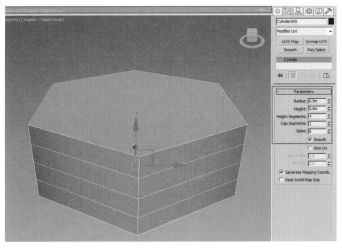

图3-63　创建水井基础模型设置

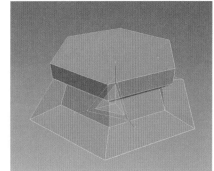

图3-64　调整水井大体结构

（2）进入修改面板的 ▣（面）层级，选择上面的面，在编辑栏下面选择"倒角"命令工具，对选择的面进行挤压，制作水井内部的模型结构，如图3-65所示。重复运用"倒角"工具对水井内部的镂空部分的模型结构进行挤压，将其颜色调整到一定的深度，如图3-66所示。

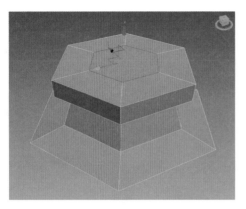

图3-65 水井中心区面倒角

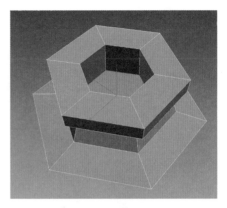

图3-66 水井镂空结构挤压

（3）水井侧面的稳固架模型，按照前面制作的思路，在水井中间创建正方体模型，利用　（选择并移动）使得稳固架模型穿插在水井的中侧部位，效果如图3-67所示。

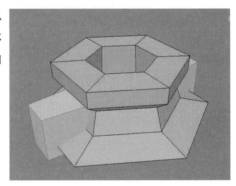

图3-67 制作水井稳固架模型

（4）在制作出水井底盘的大体结构之后，继续对水井上面的支架体的模型结构进行整体的制作。其方法为：首先在水井台面上创建长方体基础模型，对长方体的参数进行设置，调整长方体的位置，如图3-68所示。在支架体外侧创建长方体，在转换多边形物体之后，进入　（顶点）层级，调整顶点位置，确定支架整体的形体结构调整。复制制作好的长方体到另一侧。注意前面创建支架模型与稳固架之间的衔接关系，如图3-69所示。在基础支架模型的基础上再次创建稳固架模型并转化成可编辑的多边形，进入　（顶点）层级，选择外围的点，然后用"移动"逐步调整弯曲的造型结构，注意与支架组合之间的结构关系，效果如图3-70所示。

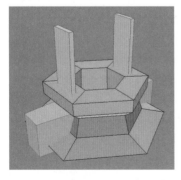

图3-68 制作水井之间基础模型

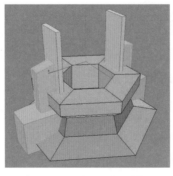

图3-69 制作连接体模型

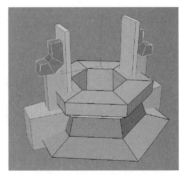

图3-70 制作稳固架模型

（5）制作水井中间的摇杆模型结构。在支架体中间创建一个圆柱体，设置圆柱体的基础参数并将其转换为可编辑物体，放置在合适的位置，进入 ▣（面）层级模式，同时删除两边的面，如图3-71所示。根据摇杆的结构造型需求，继续在两侧创建柱体，设置参数为六边形，将其调整到合适的厚度，使其与摇杆的位置匹配，从而制作出两侧物体的造型，效果如图3-72所示。

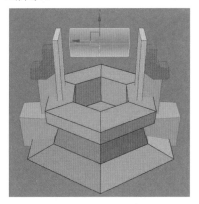

图3-71　制作摇杆模型

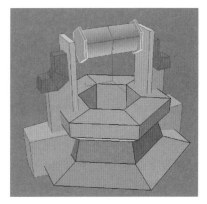

图3-72　制作摇杆侧面结构

（6）进一步制作水井的摇杆及井绳的模型结构，注意要结合水井整体模型的变化对摇杆及绳子的动态变化进行调整，考虑模型的合理性，效果如图3-73所示。

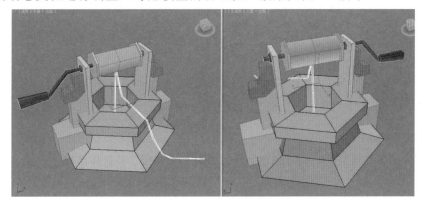

图3-73　制作摇杆及井绳的模型

（7）在完成水井主体模型的结构造型之后，接下来根据需求制作水井附属物——水桶的基础模型。创建一个圆柱体，设置基础参数，将其转换为可编辑的多边形物体，进入 ▣（点）层级模式，选择下面的点进行缩放，适当地调整水桶的大体造型，效果如图3-74所示。

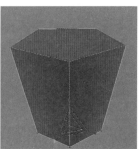

图3-74　制作水桶大体模型

（8）选择水桶模型，进入▣（面）层级模式，选择水桶上面的面，结合前面制作水井的思路进行面的"倒角"挤压，得到水桶内层厚度结构造型。再次执行"倒角"挤压，往下拉伸出水桶内部的结构，注意内部深度的变化，如图3-75所示。

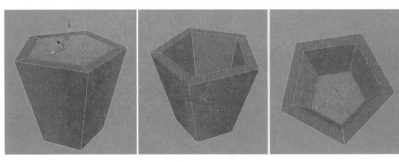

图3-75 制作水桶内部结构

（9）在水桶的上面制作提手部分的模型结构。创建长方体基础模型，结合水桶结构造型进行提手模型的编辑及调整，如图3-76所示。最后结合水井整体造型结构空间布局进行合理安排，调整水桶的结构造型，如图3-77所示。

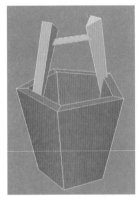 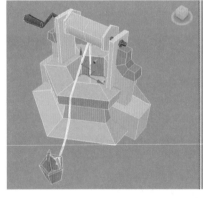 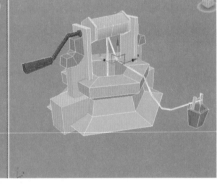

图3-76 制作水桶提手模型　　　　　**图3-77 调整水井整体结构**

8. 制作墙体装饰模型

（1）对门窗内部的结构进行造型的细化。在门窗内部创建一个长方体，然后将其转换为可编辑多边形物体，进入▣（多边形）层级，对创建的长方体进行结构的调整，如图3-78所示。

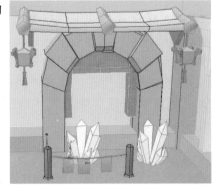

图3-78 调整门窗内部结构造型

（2）利用 ▣（选择并匀称缩放）工具调整门窗内部的大小，然后利用 ✛（选择并移动）工具将多边形移动到如图3-79所示的位置。

图3-79 门窗口内部结构细化

（3）根据魔法屋的整体室内设计需求，复制上一步制作的门窗内部结构作为侧面门窗的内部结构，进入 ◁（边）层级，再利用 ✛（选择并移动）工具调整边的位置，使其与侧面门窗的大小进行匹配，如图3-80所示。

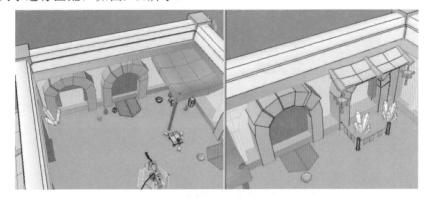

图3-80 调整侧面门窗内部结构整体

（4）根据魔法屋的整体设计需求，对墙体、门窗、柱体及各种装饰物件的结构模型进行统一调整。给魔法屋指定一个默认的材质，效果如图3-81所示。

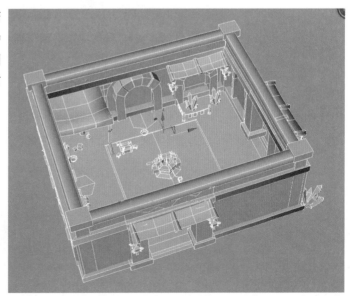

图3-81 魔法屋模型整体调整效果

9. 制作魔法屋墙体破损模型

（1）选择前面创建的魔法屋墙体结构模型，进入 （线）层级模式，单击右键，在弹出的快捷栏中选择"剪切"工具，对围墙顶部的破损进行刻画。墙体右侧破损凹陷刻画，如图3-82所示。接着进入 （顶点）层级，利用"移动"工具反复调整顶点位置，注意点线之间的不规则造型变化，制作出屋檐边上的角，效果如图3-83所示。

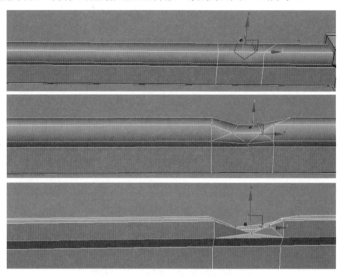

图3-82　墙体顶部破损效果

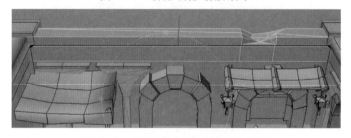

图3-83　后围墙顶部破损细化效果

（2）对旁侧墙体顶部的破损进行结构造型的调整。进入 （线）层级模式，单击右键，在弹出的快捷栏中选择"剪切"工具，对旁侧围墙顶部的破损进行结构的刻画，注意线段的不规则刻画，如图3-84所示。接着进入 （多边形）层级删除需要制作成破损的面，得到明确的墙体破损结构，同时对破损结构进行调整，如图3-85所示。

图3-84　旁侧墙体破损结构定位

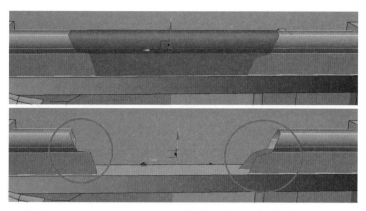

图3-85 旁侧墙体破损结构刻画效果

（3）利用修改面板下拉菜单中的"补洞"工具，对制作好的破损造型进行面的补全，如图3-86所示。进入 （点）层级工具，对旁侧墙体的结构进行刻画。在中间部位复制小局部模型，丰富破损的结构造型变化，将其放置到如图3-87所示的位置。

图3-86 封闭断开面效果

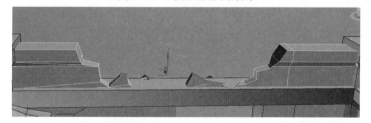

图3-87 旁侧墙体破损细节

（4）选择前面的墙体顶部的模型，进入 （线）层级模式，运用剪切工具在前段顶部墙体横梁的不同部位切出线段，注意在不同部位进行线段的分割，如图3-88所示。将此长方体复制多个，并将其移动到屋顶的边缘，效果如图3-89所示。

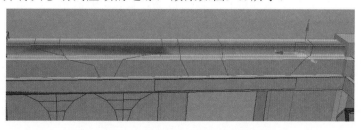

图3-88 分割前段顶部墙体横梁线段

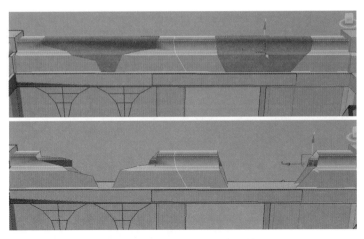

图3-89 调整横梁破损结构

> 提示：弯曲的地方可以利用"连接"工具添加一个圆边，然后通过调整顶点位置来做出弯曲的效果。

（5）运用"补洞"工具，对分割出来的线段进行缝合。对破损的线段结构进行连线，从不同的视图进行反复调整，注意破损部位的结构要自然。特别是断面部分参差不齐的结构表现，如图3-90所示。

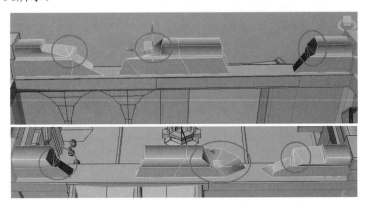

图3-90 调整横梁破损结构细节

（6）根据墙体横梁的整体结构关系，深入刻画破损部分的结构造型，注意线面结构的变化，将其与前面制作的几个部分进行整体的协调，如图3-91所示。

图3-91 刻画前段墙体横梁破损细节

（7）按照同样的制作规范对最后一面墙体的破损结构进行刻画，相对其他几面墙体破损的结构细节更丰富，注意删除后面看不到的面，如图3-92所示。

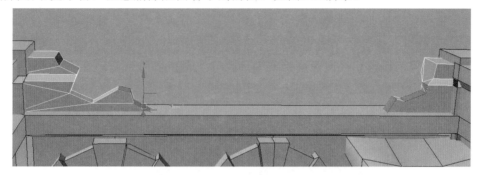

图3-92　最后一面墙体破损刻画效果

（8）根据魔法屋整体设计需求，对墙体四边横梁破损部分的模型结构进行点、线、面的刻画。注意处理好与其他部分模型的衔接及虚实关系。整体魔法屋模型结构细化效果如图3-93所示。

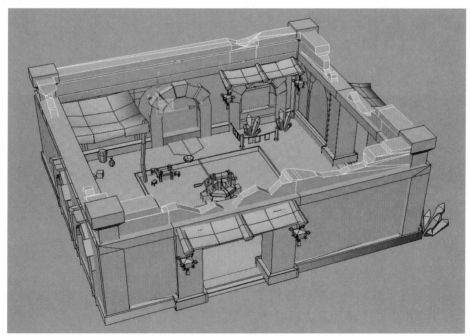

图3-93　魔法屋整体模型结构细化效果

3.2 魔法屋模型的UV编辑

制作完成魔法屋整体模型制作之后，接下来根据魔法屋的建模思路，按照由内到外，由主到次的顺逐步完成对场景模型的UV编辑。

3.2.1 建筑主体模型的UV编辑

建筑主体主要由地面、墙体、柱子等模型构成，根据魔法屋的建筑思路，建筑主体模型的UV编辑步骤如下。

（1）地面主要由地板和地面装饰物两部分构成。根据地面模型制作的结构定位，地面主要由四方连续分解构成，地面装饰物主要是平展UV构成。选择地面模型，指定一个平面坐标展开，参数设置如图3-94所示。给地面指定一个棋盘格，通过黑白棋盘格检查UV的分布是否均匀。继续执行同样的操作，将地面地毯模型的UV进行展开，如图3-95所示。

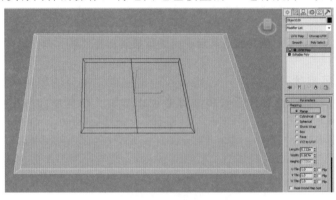

图3-94 地面地板模型UV指定

图3-95 地面地毯模型UV指定

（2）对柱子的模型逐步进行UV展开及UVW编辑。在选定模型指定UV时，为了后续更好地绘制贴图应尽量根据材质属性对模型进行归类。选择其中一个柱子，指定长方体展开，同时选择Z轴对齐，如图3-96所示。结合前面地面UVW的编辑思路，指定棋盘格进行分布检查，然后逐步选择同类型的柱子的模型，逐步进行UVW展开及编辑，如图3-97所示。打开UVW编辑器，对柱子的UV进行初步的排列。结合棋盘格的分布为柱子进行合理调整，如图3-98所示。

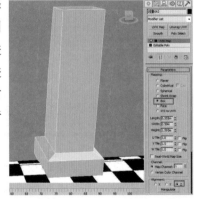

图3-96 柱子UVW坐标指定设置

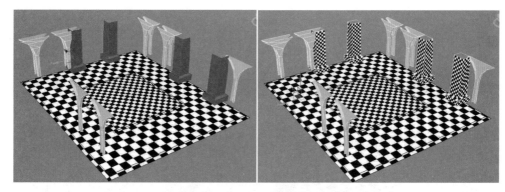

图3-97 柱子整体UV展开及编辑

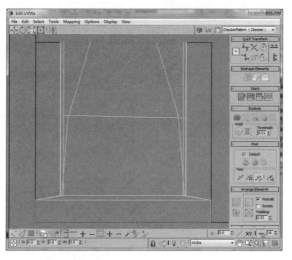

图3-98 柱子UV编辑效果

（3）对墙体装饰物件UVW进行展开及编辑。选择其中一面墙的装饰物件，指定一个长方体UVW展开，其基础参数设置如图3-99所示。结合前面柱子的制作思路，指定棋盘格，逐步对同类物件模型的UVW进行展开，如图3-100所示。墙体装饰物UVW编辑效果如图3-101所示。

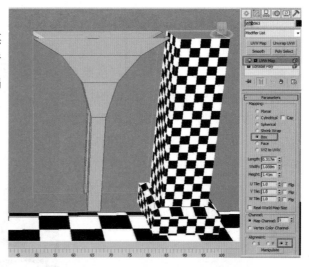

图3-99 墙体装饰物件UVW展开设置

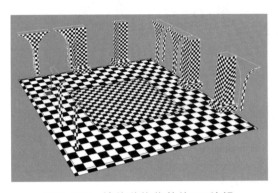

图3-100 墙体装饰物整体UVW编辑

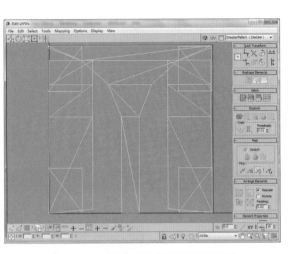

图3-101 墙体装饰物UVW编辑效果

（4）进入到墙体和装饰物模型UVW编辑窗口，对已经编辑好的墙体UV进行合理的整体编辑，在排布的时候要考虑模型与UV能重复利用的空间布局关系，如图3-102所示。

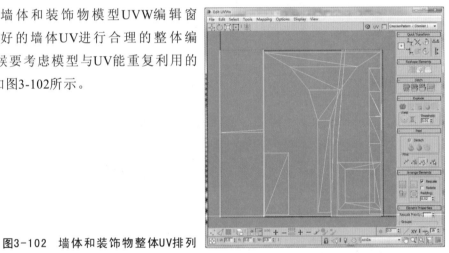

图3-102 墙体和装饰物整体UV排列

（5）对门柱的UVW继续进行展开和编辑。选择其中的一扇门进入 ▣（面）层级模式选择柱子的拱形结构，进行UV坐标指定及编辑，效果如图3-103所示。按照同样的UVW展开方式对其他部位的门柱也进行UV的制作，同时制定棋盘格检查UV的分布是否合理，效果如图3-104所示。运用UVW编辑UV的技巧方法对展开的UVW在编辑器里面进行大体的编排，效果如图3-105所示。

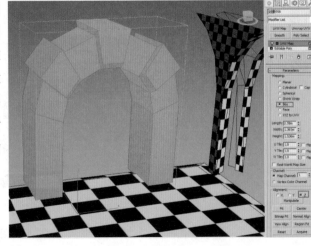

图3-103 门柱基础UVW展开设置

图3-104　门柱整体UVW编辑修改

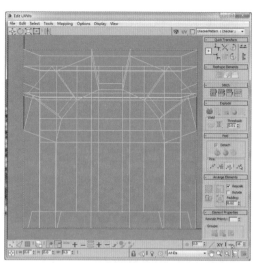

图3-105　门柱UVW基础排布效果

（6）门柱上面的方体结构进行UV展开及UVW的编辑。以方体坐标展开为主，结合门柱的整体进行棋盘格调试，如图3-106所示。结合墙柱的整体对门柱及方体的UV进行整体编排，注意通过棋盘格分布适当调整布局，效果如图3-107所示。

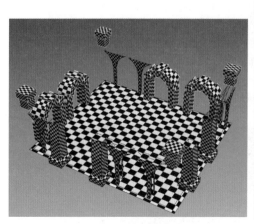

图3-106　墙顶主体UVW编辑

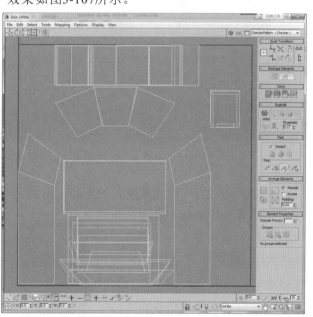

图3-107　墙体及方柱整体UVW排列效果

（7）对四周墙面的UV进行展开及编辑。前面采用的二方连续的结构模式此时视图中会显示出贴图效果，如图3-108所示。在给其他墙体指定UVW展开的时候要根据墙面的方向进行不同轴向的指定及编辑。指定棋盘格检查墙体整体UVW的分布，并在UV空间进行合理排布，效果如图3-109所示。

图3-108　墙面UVW展开效果

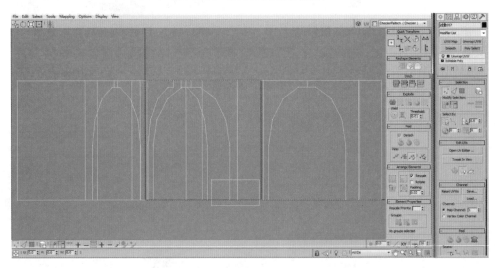

图3-109　墙面整体UVW排列效果

（8）结合前面UV展开及编辑的思路，继续对墙柱的模型结构进行UVW的展开。此部分以大结构为主，整体方形坐标指定如图3-110所示。注意柱体各部分棋盘格大小的分布。运用UVW的编辑技巧对墙柱各部分的UVW进行合理的编辑，以二方连续的排布方式进行分布，如图3-111所示。

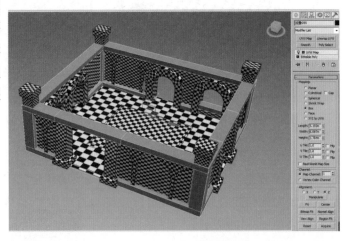

图3-110　墙柱UVW展开设置

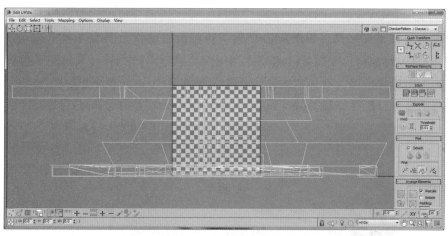

图3-111　墙柱UV整体排布效果

（9）对墙体横梁部分的破损结构进行UVW展开及编辑。此部分以整体指定方形作为基础坐标，如图3-112所示。打开"编辑UVW"面板，对各部分横梁UVW进行细节的调整。注意二方连续及纹理平展部分的UVW的合理布局，尽量使特殊表现纹理部分的UV空间最大化运用，如图3-113所示。

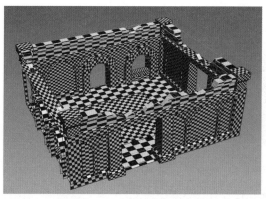

图3-112　横梁坐标展开设置

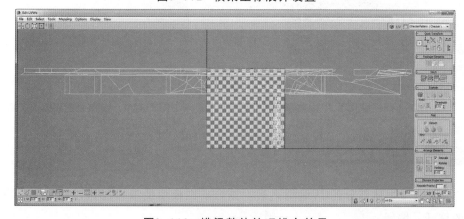

图3-113　横梁整体纹理排布效果

（10）对瓦片的UVW进行指定及编辑。瓦片主要由两部分模型构成，因此需要逐步对瓦片及横梁模型进行平面展开，如图3-114所示。给横梁部分指定一个方体坐标。根据棋盘格大小适当调整UV的布局，如图3-115所示。根据瓦片的整体布局，对编辑好的UV按照二方连续的排列思路进行准确、合理的安排，将相同物件的UV重叠在一起排满整体UV空间，如图3-116所示。

图3-114　屋顶瓦片UV展开

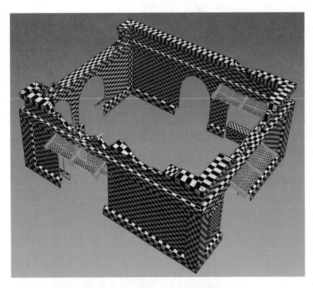

图3-115　屋顶瓦片整体展开

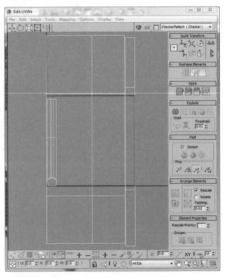

图3-116　屋顶瓦片UVW排布效果

3.2.2　室内物件的UV编辑

在完成魔法屋主体部分的UV编辑之后，结合前面模型的制作思路，逐步完成室内物件的UVW的展开及编辑。

（1）激活创建的水晶体模型，进入 ▣（面）层级模式，给水晶体指定方形坐标，旋转角度，同时在UVW编辑器中进行初步的排布，如图3-117所示。

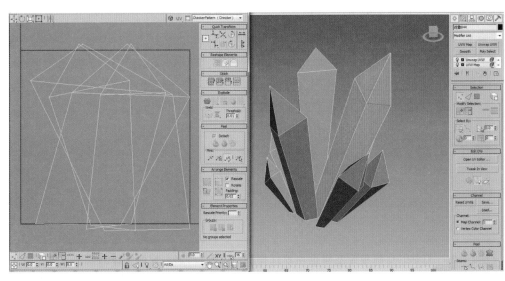

图3-117　水晶体UVW排布效果

（2）根据水晶造型的变化，逐步完成每一块水晶元素的UVW编辑。注意根据水晶的大小及方向变化进行UV坐标的灵活运用，如图3-118所示。进入UVW编辑，对每一块水晶的UV进行合理的排列，如图3-119所示。最后将排列好的水晶体放置在UV编辑框里，如图3-120所示。

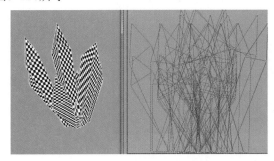

图3-118　水晶体UVW编辑

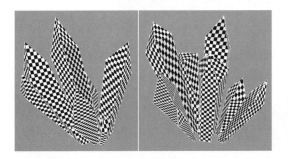

图3-119　水晶体UV整体排布效果

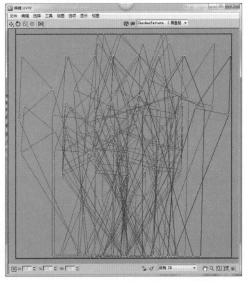

图3-120　水晶体整体UV排列效果

第3章　室内场景制作——魔法屋

107

（3）对灯饰进行UV展开及编辑。为灯饰整体指定一个方体UV坐标，对灯饰模型各个部分的UV进行平展，得到棋盘格纹理比较规范的分布，如图3-121所示。对展开的灯饰各部分的UV在编辑器里运用编辑技巧，按照绘制贴图的规范要求进行合理的排布，尽量做到UV空间像素充分运用，如图3-122所示。

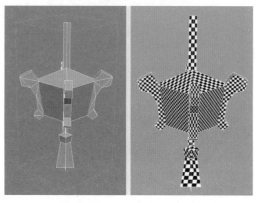   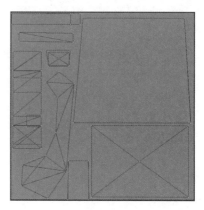

图3-121 灯饰UV坐标指定及棋盘格纹理排列   图3-122 灯饰整体UV编辑及排布效果

（4）对凳子和桌子进行UV展开及编辑。为桌子指定方形坐标进行展开，如图3-123所示。展开一把凳子，调整坐标的位置，其他凳子以此类推，凳子UVW展开效果如图3-124所示。将桌凳结合在一起，对整体UV进行统一编辑，以便在后续绘制贴图能时更好地对材质及光影关系进行绘制，编排效果如图3-125所示。

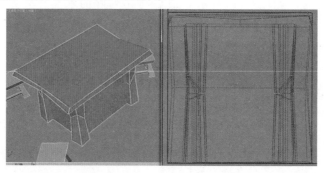

图3-123 桌子UV展开效果

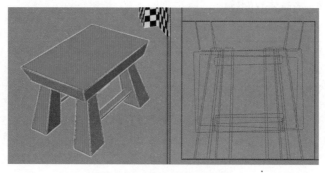

图3-124 凳子UV展开效果

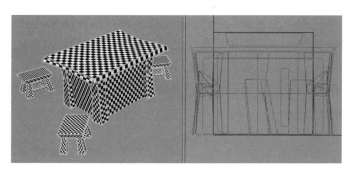

图3-125　桌凳统一UV编排效果

（5）完成水井的UV展开及编辑。水井的模型结构相对比较复杂，因此在指定UVW的时候要尽量根据模型的结构分别指定方形或平面等坐标。进入■（面）层级模式，选择水井柱体部分的模型，单击UVW展开命令，在下拉菜单中选择圆柱形坐标，水井柱体UVW指定设置如图3-126所示。结合水井模型的结构特点，对内侧部分的UV单独剪切出来进行调整。同时在UVW编辑器里运用UV编辑的技巧对水井主体部分的UV进行初步编辑，如图3-127所示。

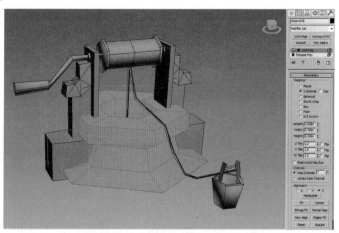

图3-126　水井主体UVW指定设置

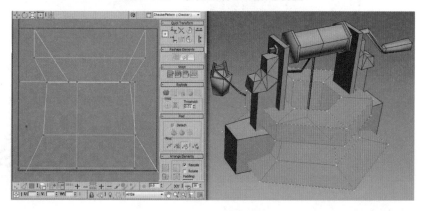

图3-127　水井主体模型UV编排

（6）对水井支架体的模型进行UVW的展开及编辑。选择支架体模型删除其中一边，统一进行方形坐标的指定，自动适配每一个面UVW坐标的指定，如图3-128所示。

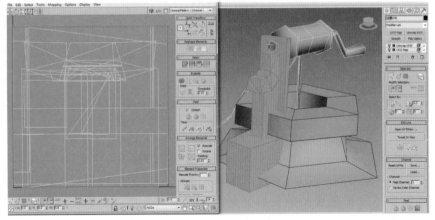

图3-128　水井支架体UVW编辑效果

（7）完善水井中间摇杆的UV展开及编辑。给摇杆指定一个圆柱坐标，同时旋转90度，进行适配。由于圆柱的结构转折点比较多，因此在展开的时候，先整体进行坐标指定，再运用编辑工具对有转折或拉伸的部位手动进行调整，如图3-129所示。给摇杆指定棋盘格检查摇杆整体UV的细节分布，如图3-130所示。

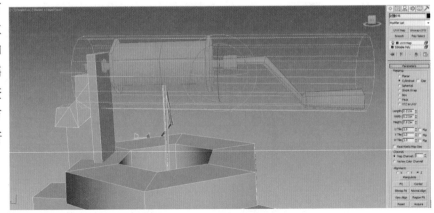

图3-129　摇杆模型UVW展开设置

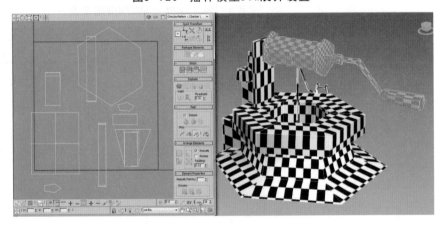

图3-130　摇杆UVW编辑效果

（8）结合前面水井各部分的UV编辑效果，运用编辑器的编辑工具及编辑技巧，对水井整体的UVW进行合理的排列，以便为后续绘制贴图做好铺垫。注意处理好水井主题及装饰物件之间的UV空间的合理安排，如图3-131所示。

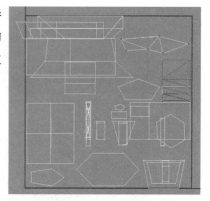

图3-131　水井整体UV编辑效果

（9）对水桶的UVW按照前面的展开及编辑的方式进行，注意内部结构与外围结构UV的分解。水桶展开及编辑效果如图3-132所示。

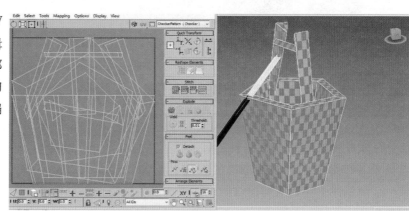

图3-132　水桶UVW展开及编辑效果

（10）完成魔法屋墙体室内装饰物体各个部分的UVW展开及编辑。重点对遮阳布及栅栏等附属场景物件的UVW进行合理的展开与编辑，每个部分根据模型的特点进行坐标指定，如图3-133所示。

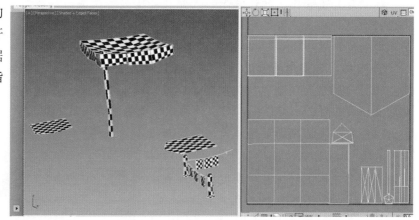

图3-133　室内装饰物件UVW编辑效果

（11）对场景各个部分的小物件如罐子、盆、木箱等进行UVW展开与编辑。由于每个物件都有各自本身的UVW坐标，因此在编辑的时候要尽量结合模型的造型变化进行合理排列。小物件组合UVW效果如图3-134所示。

图3-134　小物件组合UVW编辑效果

3.3 魔法屋纹理贴图绘制

在完成魔法屋的UVW编辑之后，接下来根据场景风格定位及绘制文案的需求，对魔法屋场景各部分的纹理进行准确的表现。绘制纹理分为三个环节：①魔法屋灯光设置及渲染；②魔法屋主体建筑贴图绘制；③魔法屋装饰物件纹理绘制。

3.3.1 魔法屋灯光设置及渲染

场景灯光主要由主光、辅光、天光及环境光等构成。每种灯光的设置及在场景中的应用也各有其用途，主光源对这个场景的环境氛围起决定性的作用，因此要特别注意主光源参数的基础设置。

首先我们对整个场景进行环境灯光进行设置，并对每个部分的模型及UV进行渲染烘焙，得到一张带有明暗色调关系的黑白纹理图，明暗图对后续各个部分纹理材质及明暗色调的变化有很好的引导作用，对整体场景环境氛围有很好的定位。

（1）激活魔法屋场景整体模型，为其指定一个默认材质球，按键盘上的8键，对环境设置菜单里面的环境基础明度进行设置，如图3-135所示。

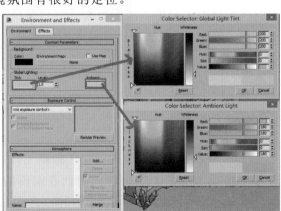

图3-135　环境明度基础设置

（2）进入Max创建面板，单击创建面板上的 （灯光设置）按钮，选择下拉菜单的标准模式，同时选择聚光灯，如图3-136所示。

（3）在透视图场景右前方单击 Target Spot 按钮拉出一盏聚光灯，从侧视图及前视图分别调整灯光的位置。注意聚光灯作为主光源，要开启阴影模式。对灯光强度进行基础设置，强度变化结合后续的辅光进行合理的调整，聚光灯基础参数设置如图3-137所示。

图3-136　灯光基础设置

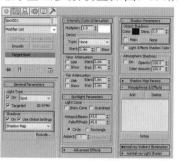

图3-137　聚光灯基础参数设置

（4）按照同样的思路，在场景左右两侧新建点光源。单击 Omni 点光源，在场景右侧单击场景一盏点光源，并对点光源的基础参数进行设置，强度大小可以边渲染边调整，如图3-138所示。按住Shift键将创建的点光源拖动到左侧进行复制，并对灯光参数进行适当的调整，如图3-139所示。

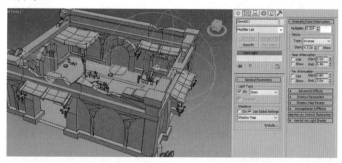

图3-138　调整点光源基础参数

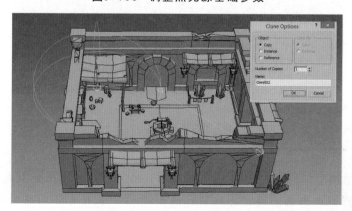

图3-139　调整点光源复制及参数

（5）依照上面创建及调整光源的方式，继续复制点光源，并对其位置及参数进行适当的调整。同时在场景任意位置创建一盏天光灯，作为照亮全局的灯光，灯光整体设置如图3-140所示。注意及时用灯光对场景进行渲染并观察场景氛围的变化，及时调整每一个光源的强度变化。渲染效果如图3-141所示。

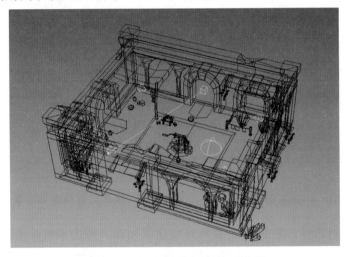

图3-140　场景整体灯光设置效果

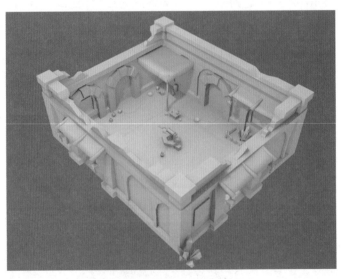

图3-141　魔法屋场景渲染效果

3.3.2　魔法屋主体建筑贴图绘制

（1）选择地面模型，进入UVW编辑器，单击Tool菜单栏，选择最下面的输出栏，在弹出的对话框中进行基础参数的设置，然后对地面的UV进行输出，得到一张512.512的纹理贴图，将其保存到魔法屋的文件夹，如图3-142所示。

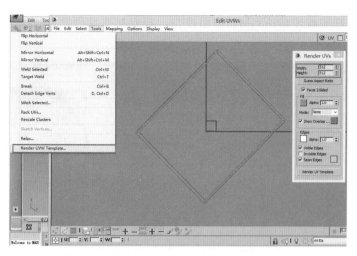

图3-142　　UV输出及设置

（2）激活场景地面模型，选择已经编辑好UV的场景地面模型，按键盘上0键，打开渲染输出纹理对话框，对里面的参数进行设置，如图3-143所示。单击对话框下面的渲染按钮，得到一张带有明暗色调的烘焙纹理贴图，如图3-144所示。

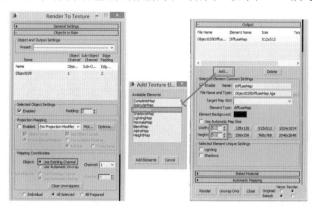

图3-143　渲染纹理输出参数设置

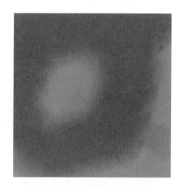

图3-144　烘培纹理效果

（3）激活Photoshop进入纹理绘制流程。打开输出的线框纹理及烘焙的明暗色调纹理文件，对线框纹理进行提取分层。打开光盘文件，找到地面的纹理贴图，如图3-145所示。将其拖进分层的PSD文件，并与烘焙的明暗纹理进行图层的混合，混合模式设置为"柔光"模式。适当调整图层的不透明度，效果如图3-146所示。

图3-145　地面基础纹理

图3-146　混合明暗纹理效果

（4）指定编辑好的纹理贴图到Max地面模型，观察材质纹理在3D文件里面的材质效果，如图3-147所示。

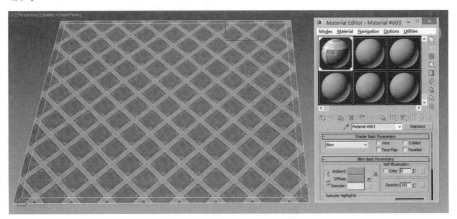

图3-147　地面纹理材质显示效果

（5）结合地面纹理的制作思路继续对地毯的纹理进行UV输出及灯光烘焙纹理输出。UV输出设置如图3-148所示。结合灯光设置对地毯纹理进行烘焙，效果如图3-149所示。

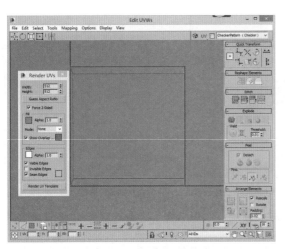

图3-148　地毯UV输出设置

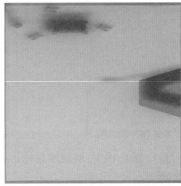

图3-149　地毯烘焙明暗效果

（6）打开光盘素材或者从别的素材库找到合适的地毯纹理，将其作为贴图的材质纹理指定给地毯模型，同时结合烘焙的明暗色调进行通道的混合，如图3-150所示。

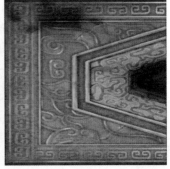

图3-150　地毯纹理混合效果

（7）把绘制好的纹理贴图指定给地毯模型，根据场景的整体光影变化对材质的亮部及暗部细节进行反复调整。结合地面对地毯纹理进行渲染，效果如图3-151所示。

图3-151　地毯纹理效果

（8）完成墙柱及装饰物件的纹理材质制作。选择墙柱模型，进入UVW编辑，如图3-152所示。按照前面的思路导出编辑好的UV结构线，同时烘焙墙柱光源明暗色调关系，分别将其输出到指定的文件夹，如图3-153所示。

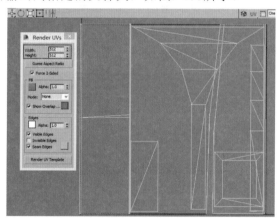

图3-152　墙柱及装饰物件整体UV输出设置

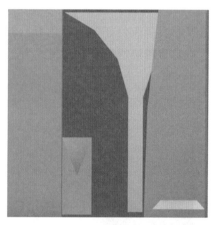

图3-153　墙柱及装饰物件烘焙渲染效果

（9）切换到Photoshop编辑窗口，对输出的UV结构线及烘焙的明暗色调进行图层的分解。提取墙柱及装饰物件的UV结构定位线。注意对线稿图层及背景层进行分解，将烘焙纹理拖动到线稿图层的下面，如图3-154所示。

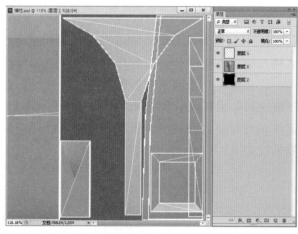

图3-154　墙柱及装饰物件UV及烘焙图层分解

（10）激活画笔工具，调整笔刷大小及强度，对墙柱、装饰物的亮部及暗部色调关系进行逐层绘制，注意柱体纹理结构的变化，绘制效果如图3-155所示。根据墙柱、装饰物材质纹理结构的特点，继续对墙柱、装饰物的亮部及暗部的纹理结构进行局部的刻画，效果如图3-156所示。

图3-155
绘制墙柱、装饰物大体明暗色调　　　　　图3-156　墙柱、装饰物明暗色调刻画效果

（11）对墙柱、装饰物的纹理进行精细刻画。在明暗色调图层上面单击新建图层，从前景色吸取一个黄色作为基础色彩，如图3-157所示。对新建图层进行填充。设置填充的色彩图层与明暗图层的色彩混合模式为"颜色"，得到基础的色彩关系，如图3-158所示。

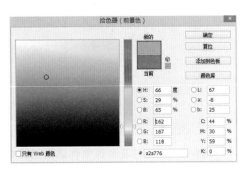

图3-157　墙柱及装饰物基础色彩设置　　　　图3-158　混合颜色图层及明暗图层效果

（12）根据墙柱及装饰物组合模型的色彩构成特点，对墙柱及装饰物亮部暗部的色彩细节进行色彩属性质感的刻画，注意处理好亮部及暗部色彩明度、纯度、色彩冷暖关系的变化。墙柱及装饰物纹理刻画效果如图3-159所示。指定绘制的材质给墙柱组合模型，得到明确的三维场景材质效果，如图3-160所示。

图3-159　墙柱及装饰物纹理刻画效果

图3-160 墙柱三维材质贴图效果

（13）结合绘制墙柱纹理的流程，对墙面的UV进行导出并对墙面进行烘焙。因墙面的UV是二方连续的排列方式，因此选择中间部分进行输出，如图3-161所示。墙面烘焙明暗色调效果如图3-162所示。

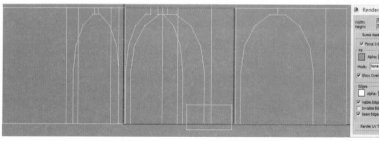

图3-161 墙面UV输出设置　　　　　　　　　　　　图3-162 墙面烘焙明暗效果

（14）打开光盘提供的墙面的纹理材质，注意把握手绘风格纹理的绘制或者选择一张类似墙面风格的纹理材质，如图3-163所示。将其与烘焙渲染的明暗色调进行材质纹理的混合，调整烘焙纹理图层不透明度，将混合模式设置为"柔光"，得到墙面的材质变化。墙面纹理效果如图3-164所示。

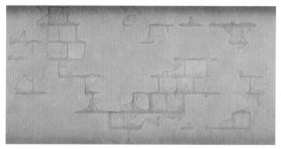

图3-163 墙面纹理材质效果　　　　　　　　　图3-164 混合烘焙纹理材质效果

三维场景设计与制作

（15）把绘制调整好的纹理材质指定给墙体模型。结合光源变化对墙、墙柱等进行整体渲染，得到比较明确的场景纹理材质效果，如图3-165所示。

图3-165　墙面模型整体材质效果

（16）刻画给围墙横梁的纹理。选择围墙横梁模型，输出UV及烘焙横梁的明暗色调纹理，如图3-166所示。注意横梁的UV主要由二方连续构成方式，因此要处理好连接部分接缝的材质变化。横梁材质纹理烘焙效果如图3-167所示。

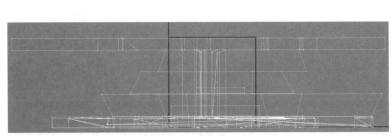

图3-166　横梁二方连续UV排布及输出

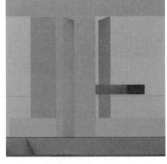

图3-167　横梁材质纹理烘焙效果

（17）为横梁在光盘选择一张基础纹理贴图作，运用Photoshop的绘图编辑技巧进行纹理细节刻画，如图3-168所示。结合烘焙纹理的明暗色调变化进行纹理图层的混合，将混合模式设置为"柔光"，调整烘焙纹理不透明度变化。结合前面绘制基础色彩的技巧逐步完成横梁色彩的关系，注意色彩明度、纯度等的变化，如图3-169所示。

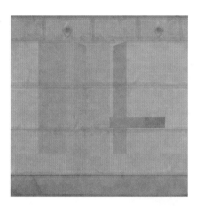

图3-168　横梁明暗色彩大体绘制效果

图3-169　横梁材质纹理绘制及调整效果

（18）结合墙壁、地面及横梁等材质风格及光源关系对门柱的纹理进行细节绘制。选择门柱模型，进入UVW编辑窗口，如图3-170所示。对门柱的UV结构线进行输出，并对门柱模型进行烘焙纹理渲染，如图3-171所示。

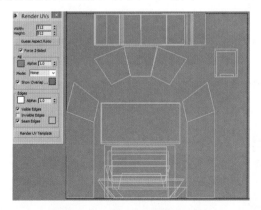

图3-170　门柱UV输出及设置

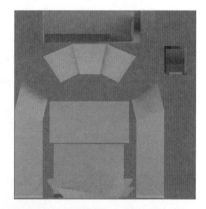

图3-171　门柱烘焙纹理渲染效果

（19）打开渲染的门柱UV结构线定位文件，运用Photoshop编辑技巧提取结构线。拖动烘焙的明暗色调到线稿定位线的图层下面，如图3-172所示。

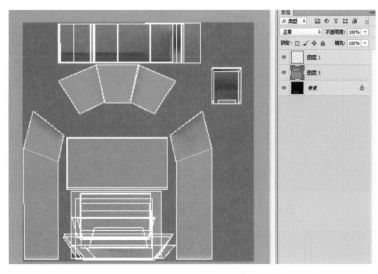

图3-172　门柱图层分解

（20）打开输出的门柱UV结构线纹理及烘焙渲染的明暗色调纹理，对门柱结构线的分解及烘焙纹理进行图层的融合，如图3-173所示。对门柱的纹理结构明暗关系进行大体的绘制，如图3-174所示。

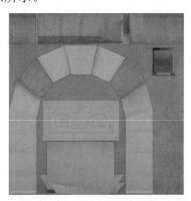

图3-173　门柱大体明暗色调绘制效果

图3-174　门柱色彩纹理刻画效果

（21）对门柱及横梁材质纹理效果结合光源变化进行渲染。反复调整材质的明度、纯度、色彩饱和度的变化，特别是亮部及暗部衔接部分接缝的色彩关系，如图3-175所示。

图3-175　门柱及横梁材质纹理效果

（22）完成魔法屋围墙破损部分纹理材质的制作，对围墙UV编辑进行整体编排，运用二方连续与平展相结合的方式进行输出，如图3-176所示。对围墙破损模型进行烘焙渲染，如图3-177所示。

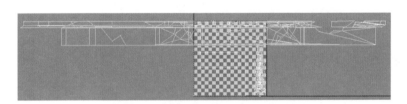

图3-176　围墙破损部分UV编辑及输出

图3-177　围墙破损烘焙效果

（23）打开光盘提供的纹理素材库选择一张符合墙体的纹理，在Photoshop中打开输出的UV线框并进行图层的分解。把烘焙的明暗纹理拖到线框图层下面，运用Photoshop的绘制技巧及手绘纹理特点对围墙破损材质的明暗色调进行大体的绘制，效果如图3-178所示。结合前面绘制的门柱、墙面及横梁的整体色彩效果，对围墙的色彩进行刻画，效果如图3-179所示。

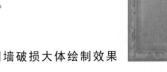

图3-178　围墙破损大体绘制效果

图3-179　围墙整体纹理细节刻画

（24）把绘制好的纹理材质指定为围墙破损部分模型。根据光源变化对围墙模型进行渲染。根据光源对纹理材质的明度、纯度及色彩饱和度进行调整。渲染效果如图3-180所示。

图3-180　围墙破损材质渲染效果

3.3.3　魔法屋装饰物件纹理绘制

在完成魔法屋主体部分的纹理材质的刻画之后。接下来根据模型及UV编辑的整体思路，对各装饰物件的材质纹理进行绘制。

（1）选择瓦片的模型，对编辑好的UV按照前面的方法进行输出，如图3-181所示。对屋顶瓦片的模型进行烘焙渲染。注意瓦片纹理有三个变化，在绘制完成其中一部分纹理后调整UV得到不同的材质变化，如图3-182所示。

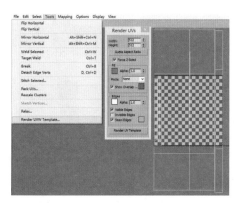

图3-181　屋顶瓦片UV输出设置

图3-182　屋顶瓦片烘焙渲染明暗效果

（2）从提供的光盘中选择一张瓦片的纹理材质在Photoshop中打开。打开瓦片UV结构线及烘焙出来的明暗纹理，如图3-183所示。在图层中把烘焙纹理及瓦片纹理放置在结构线下面。对烘焙纹理图层与瓦片纹理图层进行"柔光"模式的混合。调整烘焙层的不透明度，如图3-184所示。

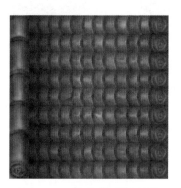

图3-183　瓦片基础纹理效

图3-184　混合瓦片基础纹理及烘焙纹理效果

（3）对灯笼的材质进行整体材质的绘制。灯笼在场景中起到点缀的作用，而且属于单个物件的构成，因此在排列UV的时候效果要尽量饱满。输出灯笼的UV结构线，如图3-185所示。对灯笼的明暗色调根据灯光进行烘焙，效果如图3-186所示。

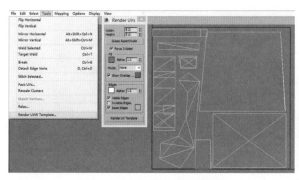

图3-185　灯笼UV排列效果

图3-186　灯笼烘焙明暗色调效果

（4）在Photoshop中对灯笼的UV结构线进行分解。把烘焙的明暗色调拖动到结构线图层的下面作为基础底色，在基础底色上根据灯笼的材质纹理进行结构的细节刻画，如图3-187所示。给细化完成的明暗纹理进行大体色彩关系填充。设置大体色彩与明暗色调层的混合模式为"颜色"，运用Photoshop的绘制贴图的流程对灯笼的纹理色彩进行刻画，注意色彩明度、纯度及色彩冷暖关系的变化，效果如图3-188所示。

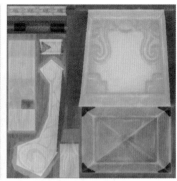

图3-187　灯笼大体明暗色调绘制效果

图3-188　灯笼色彩纹理刻画效果

（5）结合光源变化进一步调整屋顶和灯笼的亮部、暗部色彩的明度、纯度、饱和度的整体变化，运用Photoshop的绘制技巧对接缝转折部分的纹理进行刻画。屋顶及瓦片渲染效果如图3-189所示。

图3-189　屋顶及瓦片材质渲染效果

（6）对栅栏及遮阳篷等物件组合的纹理材质进行刻画。在绘制这些物件纹理材质时表现手法及材质质感要与场景整体风格统一协调。组合纹理贴图如图3-190所示；指定纹理材质效果如图3-191所示。

图3-190　组合纹理贴图

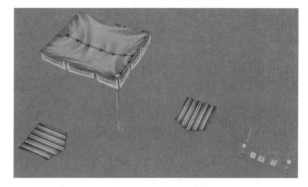

图3-191　指定纹理材质效果

（7）根据桌凳的木质纹理属性，按照前面的绘制流程对UV进行输出，如图3-192所示。对桌凳进行灯光烘焙，如图3-193所示。

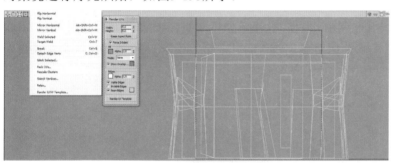

图3-192　桌凳UV编辑及输出

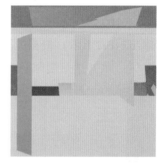

图3-193　桌凳烘焙明暗效果

（8）对桌凳的UV结构线进行图层分解，拖动烘焙的明暗纹理到结构线图层的下面。同时从光盘中找一张合适的纹理，将其与烘焙纹理进行混合，如图3-194所示。根据木纹的属性，指定一个基础的色彩进行填充，设置大体色彩与明暗色调层的混合模式为"颜色"，运用Photoshop的绘制贴图的流程对桌凳木纹的色彩进行刻画，注意亮部及暗部色彩明度、纯度、冷暖关系的变化。桌凳色彩纹理细节调整如图3-195所示。

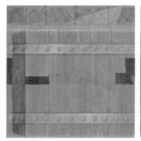 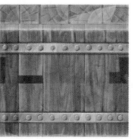

图3-194　桌凳明暗色调刻画效果

图3-195　桌凳色彩纹理细节调整

第**3**章　室内场景制作——**魔法屋**

127

（9）结合场景的灯光设置，渲染桌凳材质。对木纹的亮部及暗部的色彩纯度、明度、饱和度进行刻画，效果如图3-196所示。

图3-196　桌凳材质渲染效果

（10）对水井的纹理材质进行刻画。激活水井模型，对水井的UVW进行整体编排及UV输出3-197所示。根据光源烘焙水井明暗色调纹理，注意各部分明暗色调的层次关系及虚实变化。水井烘焙明暗色调效果如图3-198所示。

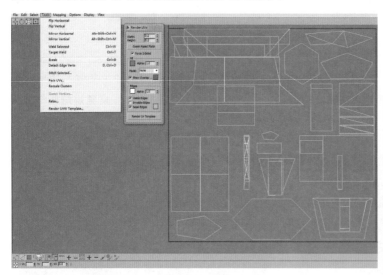

图3-197　水井UV编排及输出设置　　　　图3-198　水井烘焙明暗色调效果

（11）根据场景整体材质风格表现，在Photoshop中体现水井的UV结构线图层。把烘焙的明暗色调纹理拖动到结构线图层的下面，如图3-199所示。运用Photoshop的绘制技巧对水井各部分的大体明暗关系及色彩关系进行绘制，注意不同部纹理质感的属性变化，效果如图3-200所示。

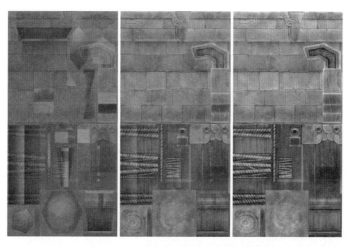

图3-199　绘制水井大体明暗色调

图3-200　水井色彩刻画效果

（12）对水晶体的材质质感进行刻画。水晶体属于半透明材质属性，其亮部及暗部的色彩纯度、明度、饱和度等对比效果比较明确，如图3-201所示。

图3-201　水晶体纹理材质效果

（13）对门窗的纹理材质进行刻画，注意每个门窗材质纹理结构的变化。结合整体场景的光影变化对门窗的亮部及暗部纹理材质进行调整，效果如图3-202所示。对门窗进行整体渲染，效果如图3-203所示。

图3-202 门窗的材质纹理刻画效果

图3-203 门窗材质渲染效果

（14）对魔法屋场景室内小物件（盆、罐、木箱等）的纹理材质进行UV输出及纹理烘焙。根据小物件的造型及结构特点进行不同纹理的绘制、调整，使其整体上与魔法屋的环境氛围色调保持一致。魔法屋整体材质渲染效果如图3-204所示。

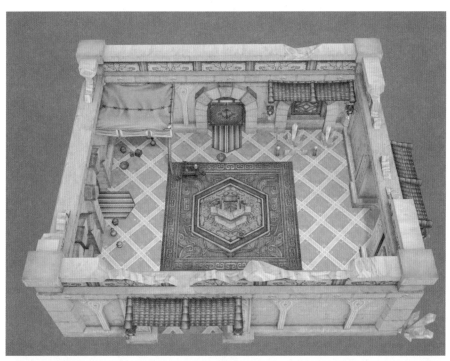

图3-204　魔法屋整体材质渲染效果

小结

本章重点介绍了写实三维场景魔法屋的模型结构、UV编辑处理以及色彩绘制，讲解了如何使用3DS Max配合Photoshop制作魔法屋的技巧。通过对本章内容的学习，读者应当对下列问题有明确的认识。

（1）掌握写实三维场景模型的制作原理和应用。

（2）了解三维场景在影视、动漫、游戏等领域的应用。

（3）了解三维场景UV编辑的技巧。

（4）掌握场景物件灯光设置的技巧及渲染的流程。

（5）掌握场景物件纹理材质的绘制流程。

（6）重点掌握三维场景中金属材质纹理的绘制技巧。

练习

根据本章场景物件模型制作及UV编辑的技巧，结合PS绘制纹理贴图的流程，从网上或者光盘中选择一张场景建筑或物件原画进行模型制作、UV编辑、灯光渲染烘焙、材质纹理制作，注意把握好三维场景主体元素与物件的结构、色彩关系。

第**4**章 室外场景制作——试剑台

本章以制作写实风格三维场景——试剑台为例，结合Photoshop详细介绍了室外三维场景建筑及物件模型的制作规范和材质绘制技巧。

- ● **实践目标**
  - – 了解试剑台模型的制作规范及制作技巧
  - – 掌握试剑台UV编辑思路及贴图绘制技巧
  - – 掌握试剑台灯光设置及材质纹理的绘制技巧
- ● **实践重点**
  - – 掌握试剑台模型制作流程及制作技巧
  - – 掌握试剑台UV编辑技巧及排列规范
  - – 掌握试剑台手绘材料质感的绘制技巧及表现
  - – 掌握三维场景灯光设置技巧及应用
- ● **实践难点**
  - – 掌握试剑台模型制作、UV编辑流程及制作技巧
  - – 掌握试剑台写实材料质感的绘制技巧及应用

在影视、动漫等众多在三维场景空间结构的设计中，场景美术风格设计已成为产品定位的关键要素。而建筑主体材质质感的表现对整个三维场景的制作规范流程有明确的引导作用，主体建筑能明显地体现时代特征，历史时代风貌、民族文化特点等。

本节以试剑台模型的创建方法为例，讲解目前比较流行的2D游戏场景的制作方法。图4-1和图4-2为该场景的渲染效果图。

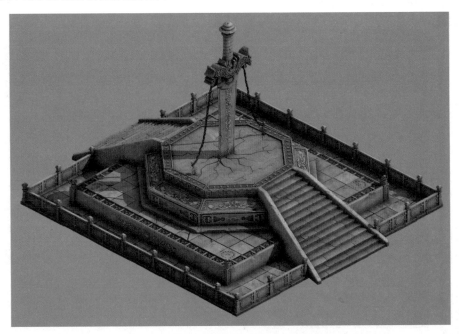

图4-1　试剑台场景材质渲染效果

图4-2　试剑台场景光影渲染图效果

在制作试剑台模型之前，要根据项目要求对制作场景进行分析，初步了解制作场景的美术风格及应用，试剑台文案描述如表4-1所示。

表4-1 试剑台文案描述

名　　称	试剑台
用　　途	剑士技能训练台
简　　述	该试剑台为魔幻风格的室外场景建筑。剑士在技能达到一定程度之后，如果想获得更高级别的技能，就必须在试剑台与魔剑进行对战。若剑士获得胜利，则剑士的剑术及体能将得到很大的提升，成为剑士阵营的尊师等级
结构造型	试剑台主体建筑由阶梯建筑堆砌而成，穿插在台子中心的魔剑使得试剑台的整体气势庄严无比，裂开的地纹与魔剑铁链的相互穿插，突出了试剑台的场景氛围及建筑风格
注　　释	试剑台材质表现为魔幻写实风格，通过特效特殊表现可以从这里进入副本或者开启某任务场景
制作细节	重点表现地表砖块、台阶、柱子及魔剑等景物的混合纹理

通过分析，试剑台的制作主要分为三大环节：①试剑台场景模型的制作；②试剑台模型UV的编辑；③材质灯光渲染及纹理合成。

4.1 试剑台结构分析

在制作之前，要根据场景空间结构对试剑台进行模型基本结构的分解，以便在后续制作中能更好地把握整体与局部之间的结构设计。试剑台主要由两部分构成，一是训练台建筑模型，二是魔剑模型。试剑台模型结构分解如图4-3所示。

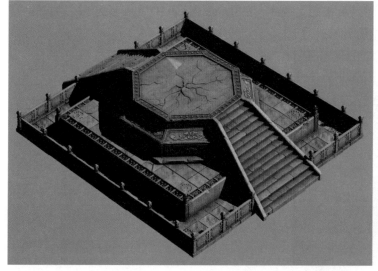
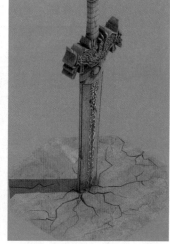

图4-3　试剑台模型结构分解

4.2 单位设置

在制作试剑台场景模型之前,要根据项目要求来设置软件的系统参数,包括单位尺寸、网格大小、坐标点的定位等等。不同项目的三维场景及角色规范,对系统参数有着不同的要求。制作试剑台的规范的设置方法如下。

(1)进入3DS max操作界面,执行菜单中的"Customize(自定义)"命令,在弹出的"单位设置"对话框中单击"公制",再从下拉列表框中选择"厘米",基础设置如图4-4所示。接着单击"系统单位设置"按钮,在弹出的对话框中将设定系统单位比例值设为"1单位=1.0厘米",如图4-5所示。单击"OK"按钮,从而完成系统单位设置。

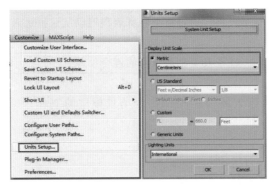

图4-4 单位设置对话框

图4-5 设置系统单位

(2)设置系统显示内置参数,这样可以在制作中看到更真实(无须通过渲染才能查看)的视觉效果。方法:执行菜单中的"自定义|首选项"命令,弹出"首选项设置"对话框,单击"Viewports"标签,如图4-6所示。单击"显示驱动程序"下的"选择驱动程序"按钮,单击文本框右侧的下拉三角按钮,选择"Nitrous Direct3D"显示方式,如图4-7所示,单击"OK"按钮,从而完成显示设置。

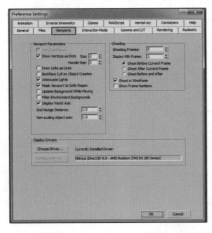

图4-6 选择"Viewports"选择设置　　图4-7 选择"Nitrous Direct3D"显示方式

4.3 试剑台模型定位

根据原画造型设计，试剑台模型制作分为三个部分：主体建筑、附属建筑、魔剑。主体建筑包括地面、圆柱、台阶、围栏等。附属建筑有台阶花纹、地面破损、围栏雕文等装饰物。

4.3.1 试剑台模型大体制作

（1）打开3DS max进入制作窗口，单击 ▦（创建）面板下的 ◉（几何体）中的"box"按钮，然后在透视图中单击，并在水平方向拖动即可定义地面，再在垂直方向拖动即可定义长方体的高度，接着单击结束创建。最后在 ▨（修改）面板中将模型的长、宽、高的值分别设置为435、435、4，将长、宽、高的分段数分别设置为3、3、1，如图4-8所示。

图4-8　地面基础模型创建

（2）给创建的模型设置环境颜色。单击数字8键，弹出"Environment及Effects环境和效果"菜单，然后调整"Environment"组下"Tint"和"Ambient"选项的色板颜色，如图4-9所示。

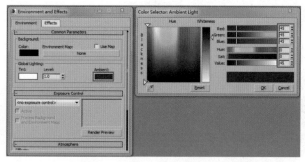

图4-9　设置场景全局照明设置

三维场景设计与制作

（3）选择长方体，并在视图中鼠标右键单击，从弹出的快捷菜单中选择"转换为|转换为可编辑多边形"命令，将长方体转换为可编辑多边形。按键盘上的数字键4，进入模型的 ■（多边形）层级，选择长方体的顶部的多边形，如图4-10所示。接着按键盘上的Delete键将其删除（为节省资源）。

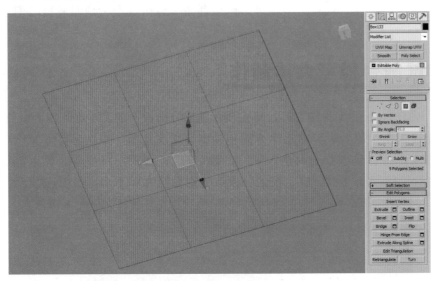

图4-10　选择需要删除的面

提示：在游戏制作中为了节省资源，通常要将模型中看不到的面删除。

（4）对试剑台主体模型的结构进行完善。在创建面板单击"Box"作为二阶台阶的基础结构，使其与地面大体匹配，如图4-11所示。根据试剑台的形体要求，进一步完善三阶圆形台阶基础结构的造型。在二阶台阶中心位置单击 Cylinder 创建圆柱，并对参数根据需要进行调整。对创建的圆台进行复制，调整圆台的大小及高度，如图4-12所示。

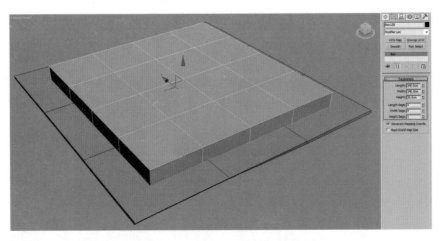

图4-11　二阶台阶基础模型设置

138

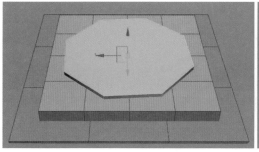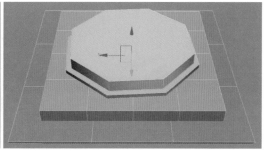

图4-12　三阶圆形台阶基础模型创建

（5）对圆台的结构造型进行进一步完善。复制三阶圆柱模型，右键单击将其转换为可编辑的多边形物体，进入 ⊡（点）层级模式。选择上面的点，单击"R"键进行缩放，制作出斜倒角的结构造型，如图4-13所示。

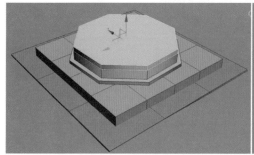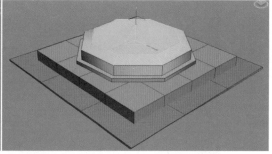

图4-13　圆形台阶梯形结构造型制作

（6）延续圆台的制作思路，制作试剑台顶部圆形台阶的模型结构，注意处理好其与梯形台阶衔接部位的结构变化，整体上进行位置的匹配。圆台顶部模型结构调整如图4-14所示。

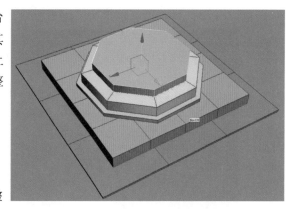

图4-14　圆台顶部模型结构调整

（7）制作场景外围护栏的结构造型。切换到顶视图，进入创建面板，单击"Box"按钮，在左侧创建一个长方体模型。调整长方体长度及宽度，按住Shift键将其拖到到右侧进行复制，如图4-15所示。根据整体设计定位，试剑台前面和后面都有阶梯穿插，因此围栏的遮挡要根据阶梯的造型适当的进行调整。复制围栏模型，锁定角度选择按钮，设置旋转角度为90度，如图4-16所示。调整长度变化，逐一进行重复操作，得到围栏的大体造型结构的定位，如图4-17所示。

139

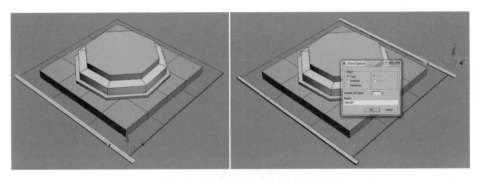

图4-15 围栏基础模型定位

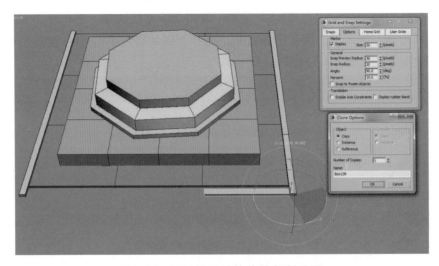

图4-16 围栏模型结构旋转复制设置

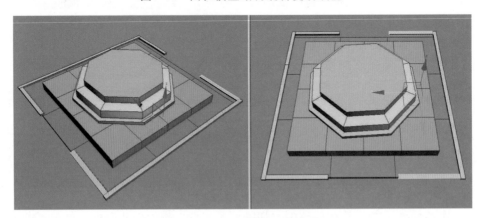

图4-17 围栏结构整体调整

（8）对前后围栏的柱子及柱面进行模型结构定位。首先在地面右下角创建一个小长方体作为柱子的基础模型，然后调整柱子的长宽比，同时按照Shift键移动创建的柱子。按照一定的距离设置间隔，复制柱子，如图4-18所示。继续制作围栏侧面形体结构及围栏上面的形体造型。注意调整柱子侧面及长方体模型的长宽比的结构变化，如图4-19所示。

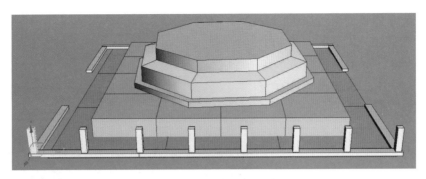

图4-18　柱子大体制作

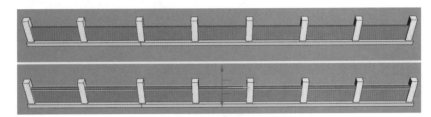

图4-19　围栏侧面形体结构制作

（9）对其他三个面的围墙的柱子进行模型制作。选择制作完成的柱子进行打组，然后按住Shift键将其移动复制到右侧对应的位置，注意前后两边柱子要根据台阶造型进行模型结构的调整，效果如图4-20所示。

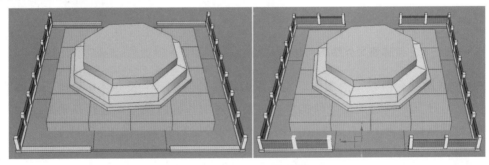

图4-20　柱子及柱面整体模型制作

（10）制作前后台阶阶梯的大体模型。在创建面板中单击"Box"按钮，创建台阶侧面的墙体造型，设置长方体的长宽比段数。注意阶梯与地面及圆台等结构的衔接关系，如图4-21所示。

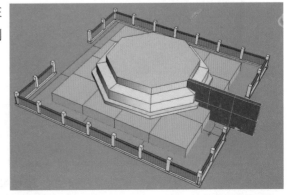

图4-21　阶梯基础模型设置

（11）将长方体转换为可编辑的多
边形物体。给长方体添加一个FFD
（晶格）修改器，单击"控制点"编
辑模式，对长方体的基础模型进行整
体结构的调整，如图4-22所示。

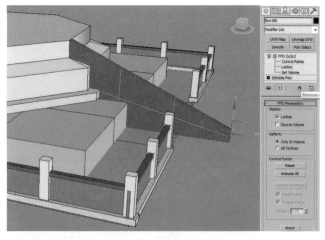

图4-22　阶梯墙体外形结构调整

（12）对创建编辑的长方体模型运
用旋转工具进行角度的调整。右键单
击，将长方体转换为可编辑多边形，
进入 （点）层级模式，对阶梯结构
进一步进行形体结构的编辑，同时对
左右两边进行对称的镜像复制，如
图4-23所示。

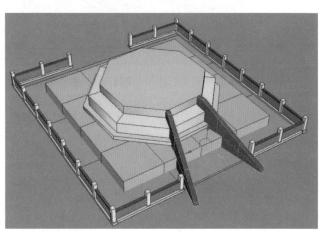

图4-23　阶梯侧面体结构制作

（13）完成阶梯台阶模型的制作。先在靠近地面处创建一个长方体，调整长方体的长宽
高比例关系，使其与两边的模型结构穿插。然后对制作好的长方体进行移动复制，直到复
制得与圆台顶部持平为止，注意每个阶梯台阶之间的结构变化，如图4-24所示。

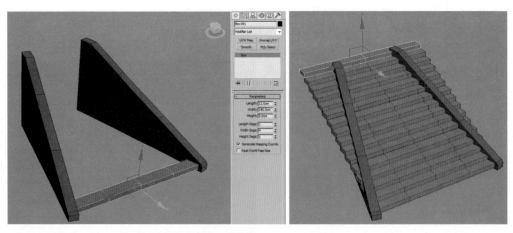

图4-24　阶梯模型结构制作

（14）选择所有的阶梯模型进行整体打组。同时给打组模型添加一个FFD变形器，进入控制点编辑状态，如图4-25所示。结合台阶外面造型的结构运用移动缩放工具对控制器的点进行缩放调整，使阶梯台阶的整体造型与外侧合理匹配，效果如图4-26所示。

图4-25　阶梯模型添加FFD变形器

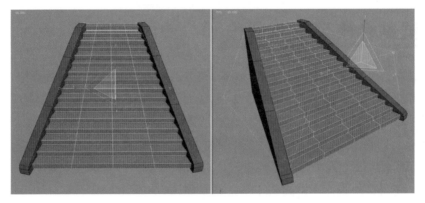

图4-26　阶梯台阶模型匹配效果

（15）显示所有试剑台的模型。以"Z"轴为对称中心对制作完成的台阶整体模型进行复制，并适当调整台阶的结构，使其与圆台模型位置匹配，如图4-27所示。

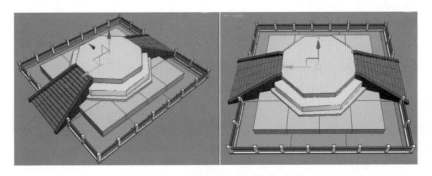

图4-27　阶梯整体模型结构制作

（16）完成试剑台主体——魔剑的基本模型结构定位。魔剑主要由三部分构成，因此在制作基础模型的时候，要注意整体模型与各部分模型的比例大小及结构穿插关系。魔剑大体模型结构制作如图4-28所示。

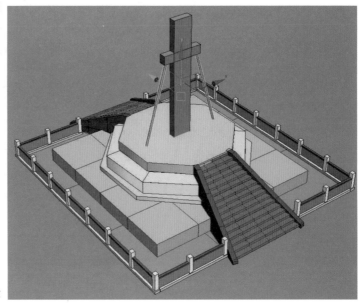

图4-28　魔剑大体模型结构制作

4.3.2 试剑台模型细节制作

在完成试剑台基础模型结构制作后，接下来对基础模型的各个部分进行细节的制作。

1. 地面砖块模型细节制作

（1）制作地面砖块的模型结构。在地面合适的位置单击"Box"创建砖块的基础模型，如图4-29所示。同时按键盘上的数字键4，进入 ■（面）层级，选中砖块底部的面，按Delete键进行删除，进入 ▦（点）层级模式，使用 ✛（选择并移动工具）沿Z轴向上拖动调整上面的点，使得砖块表面变得凹凸不平，结果如图4-30所示。

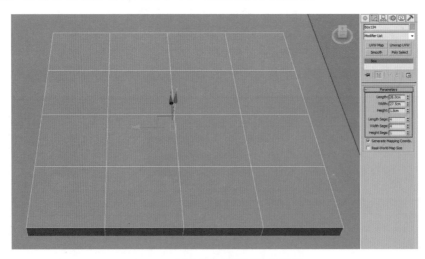

图4-29　创建地面砖块模型设置

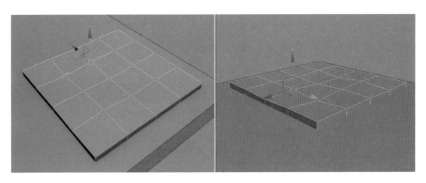

图4-30　砖块顶面结构造型调整

（2）激活砖块模型，同时按下2键进入 ☑（线）层级，逐步选择砖块顶面四周的边，在修改下拉菜单中选择"Chamfer"按钮，在弹出的参数设置栏进行倒角数值的调整。注意观察倒角边的大小变化，将倒角调整到合适的位置后单击 ☑ 按钮，得到倒角边的砖块模型，如图4-31所示。给试剑台整体模型指定默认材质，按shift键的同时使用 ✛（选择并移动工具）沿X轴向右拖动即可完成地面模型的制作，然后在弹出的对话框中选择"复制"选项，再单击"确定"按钮。接着利用工具栏中的 ▣（选择并均匀缩放）工具适当调整新复制出来的模型造型，如图4-32所示。

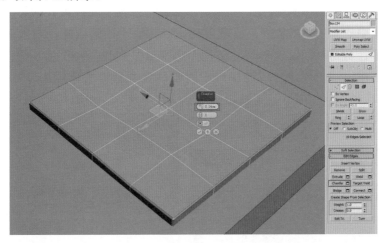

图4-31　地面砖块模型倒角制作

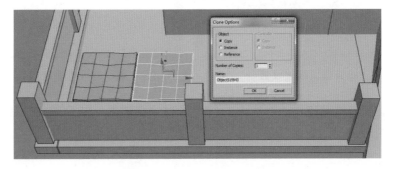

图4-32　砖块复制排布效果

（3）对复制完的砖块整体选择，按住shift键，使用 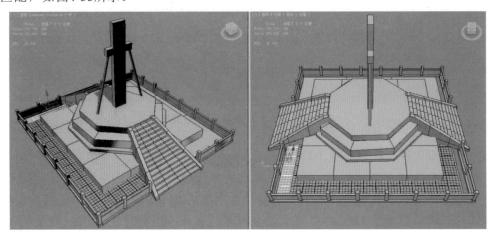（选择并移动工具）沿Y轴向左进行整体复制，注意调整复制的距离及复制的数量。反复调整复制的砖块，使其尽量与地面协调匹配，如图4-33所示。

图4-33　砖块排列复制效果

（4）在制作完成左侧地面砖块的整体模型后，选择其中一块砖块根据结构做出破损效果。选择砖块右键指定NURMS命令，如图4-34所示。将模型转换为可编辑的多边形，在编辑修改下拉菜单中选择FFD（晶格）编辑工具，对砖块上面的点进行细节的调整。运用剪切工具对砖面进行剪切，同时对剪切的破损面进行细节刻画。多次重复前面的剪切及调整破损面结构的制作方法，逐步完成砖块破损的整体模型结构变化，然后使用 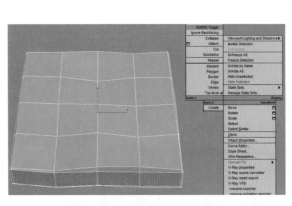（选择并移动工具）和 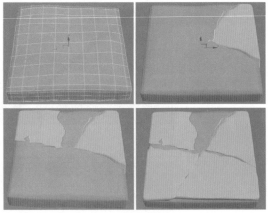（选择并均匀缩放）工具调整模型结构和位置，如图4-35所示。

图4-34　砖块模型细化设置　　　　图4-35　砖块破损结构细化

（5）运用编辑工具对砖块的点线面的结构进行综合调整，结合现实生活中破损石块的造型进行细节的刻画。注意破损部分模型的布线制作要根据结构变化进行逐步刻画，在对制作好的破损砖块进行整体复制后还要再次对其进行破损结构造型的调整，这样才能制作出不同造型的砖块，如图4-36所示。

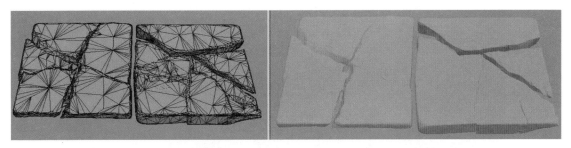

图4-36　破损砖块不同造型调整

（6）根据地面的结构需求对破损的砖块模型进行错开布局，同时选择整体砖块的模型在顶视图以Z轴为对称坐标，对砖块进行模型的镜像复制，并使用 （选择并移动工具）和 （选择并均匀缩放）工具调整模型结构和位置，如图4-37所示。

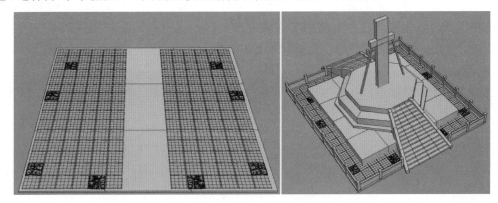

图4-37　砖块模型整体镜像复制调整

2.围栏模型结构细节制作

（1）选择围栏周边拐角中的一个柱体，调整柱体的高度，进入 （面）层级模式，从底座开始制作主体的结构造型。选择柱体顶部的面，在下拉编辑菜单中选择"倒角"命令，向上拉伸出一个厚度作为转折，如图4-38所示。选择柱体顶部的面，执行"挤出"命令按钮，向上挤出面。调整到一定的高度，再次选择顶部的面执行"倒角"命令，向上制作出一个倒角，如图4-39所示。

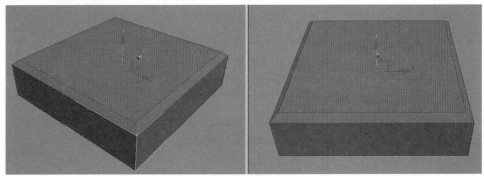

图4-38　柱体倒角结构模型制作

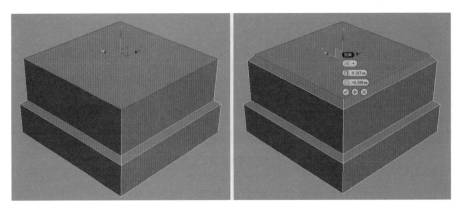

图4-39　柱体二级形体结构制作

（2）继续前面的操作思路，对柱体底座的形体结构进一步进行造型的结构制作。继续对面进行挤压，逐步得到柱体结构造型层级细节刻画。在挤压的时候要注意面与转折部分结构造型的变化。柱体底座结构挤压效果如图4-40所示。

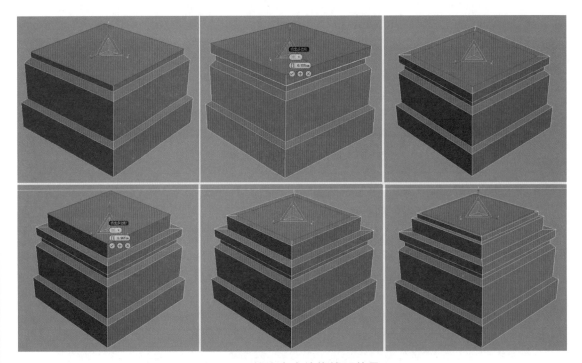

图4-40　柱体底座结构挤压效果

（3）结合柱体底座的造型变化，继续保持在 ■（面）层级模式，使用挤压命令对柱体中部倒角及直面的模型结构进行细节的制作。注意大面与小面结构之间的疏密关系，运用移动工具调整立柱的结构和位置，如图4-41所示。然后继续保持 ■（面）层级模式，再次运用挤压和倒角工具沿Z轴向向上制作出柱体中部的形体造型，接着进入 ∷（顶点）层级，反复调整复制柱体中部的细节造型，如图4-42所示。

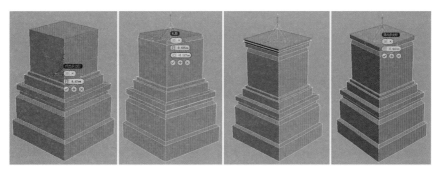

图4-41　挤压柱体中部的形体结构

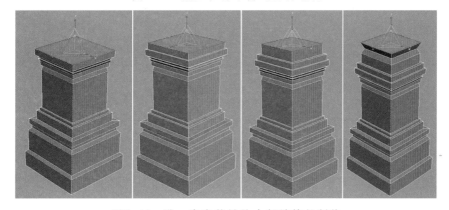

图4-42　进一步完善柱体中部结构的制作

（4）制作立柱中部造型。继续进入 ■（面）层级，选择柱体顶部的面进行挤压及倒角命令。对转折部分的结构进行倒角制作，在弹出的"倒角"对话框中设置"挤压或倒角的参数设置。使用"连接"命令为柱体添加边，如图4-43所示。接着进入 ■（多边形）层级，对主体及顶部进行模型的结构，反复执行右键快捷菜单中"挤压"命令，挤出立柱中部的造型，如图4-44所示。

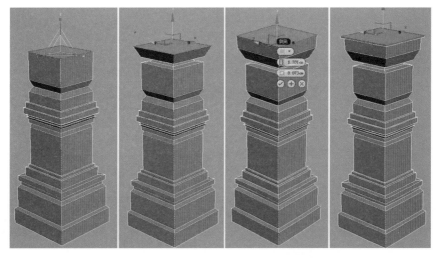

图4-43　使用"连接"命令添加边

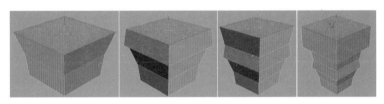

图4-44 挤出立柱中部造型

（5）在主体顶部创建一个长方体，将其转换为可编辑的多边形物体。进入 ▣（面）层级模式对顶部进行模型结构的调整，使用 ✛（选择并移动工具）和 ▣（选择并均匀缩放）工具调整长方体的结构和位置，最终将长方体制作成梯形的造型，如图4-45所示。

图4-45 柱体顶部模型结构制作

（6）对主体顶部侧面的模型细节进行刻画。选择顶部周边的面从中间进行线段分割。选择左边的面进行删除，同时进行镜像复制，如图4-46所示。进入 ⋮（点）层级模式，在弹出的菜单中执行"剪切"命令，对侧面的面进行内嵌结构线的造型分割，使用 ✛（选择并移动工具）和 ▣（选择并均匀缩放）工具调整被分割出来的内嵌模型的结构和位置，如图4-47所示。

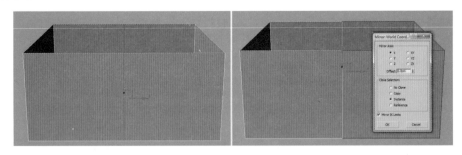

图4-46 侧面模型分解复制

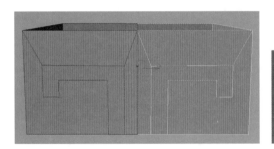

图4-47 柱体侧面内嵌结构线造型

> 提示：部分内嵌结构可以多找一些古代的石雕、门窗等物件的细节造型进行参考，在制作的时候根据不同部位需求进行合理选择。

（7）选择剪切出来的面，进入 （面）层级模式，在下拉编辑工具选择"挤压"工具，对内嵌结构进行面的挤压。注意挤压内部结构的深度变化，如图4-48所示。

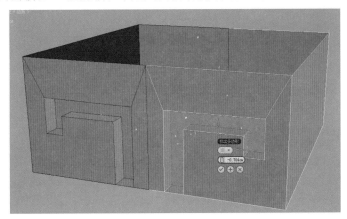

图4-48　内嵌结构挤压效果

（8）对制作好内嵌结构造型的面进行复制。进入 ■（面）层级模式，选择侧面的面使用 ❖（选择并移动工具）往前进行移动复制，且只复制单独物体。同时按住Shift键选择旋转工具，将复制的侧面模型旋转90度并对齐定点。逐步完成其他几个面的复制，如图4-49所示。

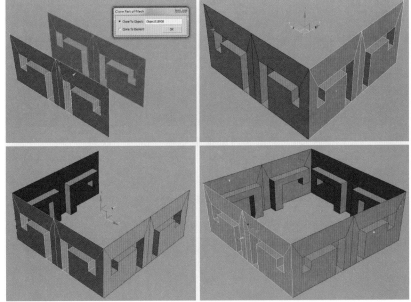

图4-49　柱体侧面整体复制模型效果

（9）制作柱体侧面的装饰物体的造型。在柱体侧面创建一个平面，设置平面的分段数及长宽比。结合前面制作模型的思路，给平面物体添加一个FFD变形器，进入控制点模式，从不同的视图编辑装饰物的造型，直到调整出符合需求的造型。注意模型上下不同结构的变化，如图4-50所示。

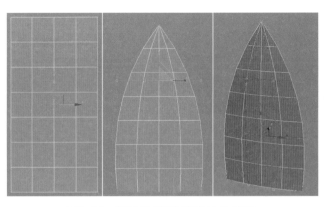

图4-50　装饰物基础模型结构编辑

（10）将装饰物模型转换为可编辑的多边形，进入　（边）层级模式。从中间位置删除其中的一条边后对其进行镜像复制。选择装饰物侧面的边，同时在下拉菜单中选择"挤压"工具从两边进行线段的挤压。重复挤压操作，直到制作出装饰物表面的凹凸结构造型，注意使用　（选择并移动工具）和　（选择并均匀缩放）工具调整挤压出来的外部模型的结构和位置，如图4-51所示。

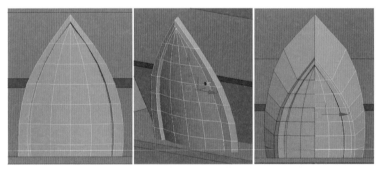

图4-51　装饰物内部模型结构"挤压"效果

（11）根据柱体整体模型的结构变化，对装饰物外部的结构进行挤压。注意从不同的视图反复调整装饰物的结构造型，同时对光滑组根据面的转折进行大体的设置。装饰物外部结构刻画如图4-52所示。

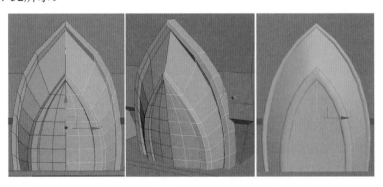

图4-52　装饰物外部结构刻画

（12）根据柱体的整体结构对制作的装饰物进行定位，以"Y"轴为中心进行镜像复制。注意调整轴线中心点的位置，如图4-53所示。分别给其他几个面进行复制，激活角度捕捉工具，右键单击，在弹出的菜单栏设置选择的角度为90度。如图4-54所示。

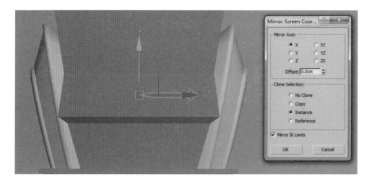

图4-53　镜像复制基础设置

图4-54　捕捉基础参数设置

（13）对侧面的装饰物模型进行复制，注意在复制的时候可直接激活  旋转工具。点击角度锁定按钮，进行角度设置，如图4-55所示。按住Shift键进行旋转复制，适当调整旋转复制模型的位置，使其与柱体侧面的结构合理匹配，如图4-56所示。

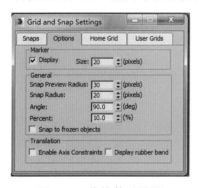

图4-55　旋转基础设置

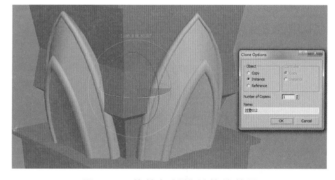

图4-56　旋转复制模型整体效果

（14）在完成柱体各部分模型结构的细节调整后，为了在后续渲染材质时能得到更为精确的光影关系，在此对模型体面结构进行倒角的制作。进入 （线）层级模式，选择柱体侧面的边线及各个转折部分的结构线，整体上进行倒角的制作，如图4-57所示。

图4-57　柱体整体倒角结构制作

（15）延续前面的制作模型倒角的思方法，选择柱体顶部侧面内嵌模型结构线，激活"倒角"命令，根据内嵌模型结构的变化适度调整添加倒角的参数，直到调试出合适的结构，然后进行确定，得到比较明确的内嵌模型细节效果，如图4-58所示。

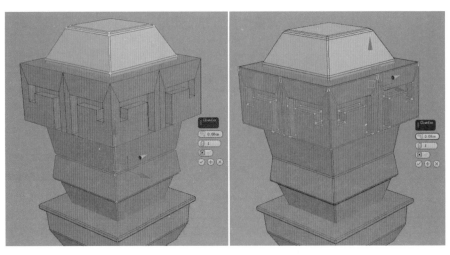

图4-58　柱体顶部侧面内嵌倒角结构制作

（16）在完成柱体的模型结构造型之后，根据试剑台围栏大体模型定位，继续对柱体之间的柱面的结构进行细节模型的制作。结合前面制作倒角的方法对墙体的边线进行倒角结构的塑造，如图4-59所示。

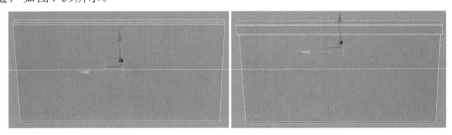

图4-59　墙体倒角模型制作

（17）根据设计需求，在柱面正面外部四个角新建长方体模型并进行模型造型的调整。注意与柱面进行角度的准确定位。在长方体中间创建多边形装饰结构，使其与四个角形成呼应。调整多边形装饰结构的大小及位置，如图4-60所示。

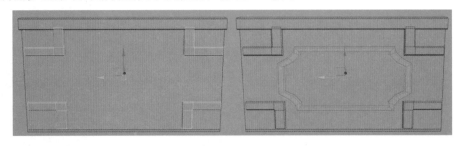

图4-60　柱面装饰模型结构制作

（18）结合前面制作完成的柱体模型，根据柱面的结构变化对柱体进行复制，并将其调整到合适的位置，同时注意在柱面前后装饰物模型结构厚度调整，如图4-61所示。前面制作的柱面属于单体结构，由于试剑台外围围栏比较狭长，因此柱面与柱体的穿插结构要根据实际情况进行结构的调整。复制及调整二段柱面与柱体模型造型后的效果如图4-62所示。

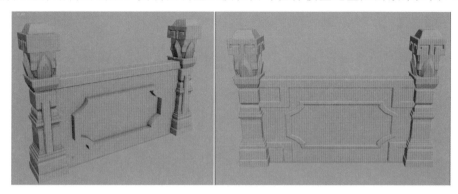

图4-61　柱体与柱面整体模型结构调整

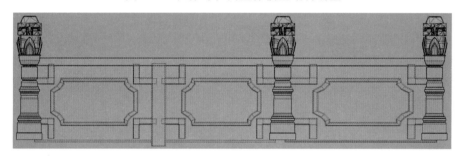

图4-62　柱面与柱体二段结构调整效果

（19）多次重复上一步复制柱面及柱体的模型制作，逐步完成柱面及柱体侧面的整体结构造型。同时对围栏侧面的模型结构也进行复制调整，效果如图4-63所示。

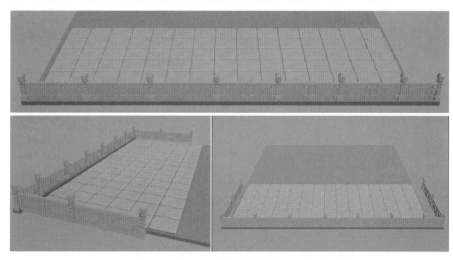

图4-63　围栏侧面模型结构复制调整效果

（20）结合前面制作的地砖的模型结构，将其与围栏统一进行打组，以"Y"轴为坐标进行镜像复制，得到整体的围栏模型结构造型。注意结合阶梯的模型结构进行调整，效果如图4-64所示。

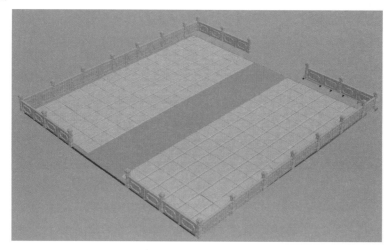

图4-64　围栏整体模型结构完成效果

3.外部围栏底座模型的制作

（1）激活前面创建的底座基础长方体模型，将其转换为可编辑的多边形，进入 ◁（边）层级模式。选择长方体的外边，激活下拉菜单中的"倒角"命令，设置倒角的参数并进行确定，注意与柱体模型的细节统一协调。底座模型倒角编辑效果如图4-65所示。

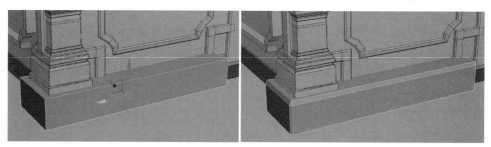

图4-65　底座模型倒角编辑效果

（2）根据底座基础模型的结构造型变化，按住Shift键向右进行移动复制。适当调整位置，对复制出来的模型进行细化分解，运用剪切工具对复制的底座模型进行破损结构的刻画，注意多用三角面来进行破损的细节调整。复制底座模型对其大小及破损部位进行不同造型的刻画，得到两个不一样的破损底座结构，如图4-66所示。

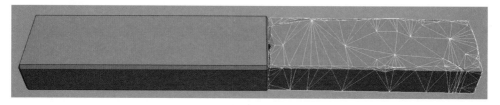

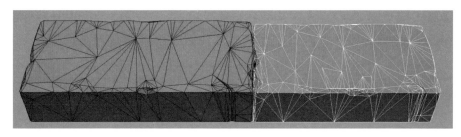

图4-66　底座模型破损细节制作

（3）结合前面制作围栏的整体思路，对底座各个面的模型进行复制，运用移动旋转工具进行坐标位置的统一协调，将其与围栏四个不同面的结构，特别是转角部分的结构完美衔接，如图4-67所示。

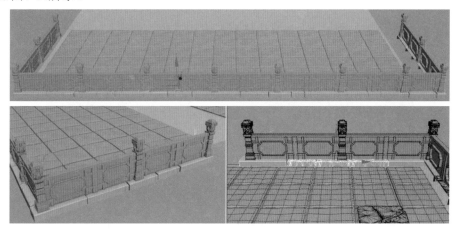

图4-67　底座破损模型复制调整

4. 二级台阶模型结构细化

（1）在完成围栏及底座模型制作后，根据试剑台大体模型结构的定位，接下来对二级台阶的模型进行刻画。选择二级台阶地面的模型，进入 ◁（边）层级模式，给二阶地面边线添加"倒角"命令，如图4-68所示。

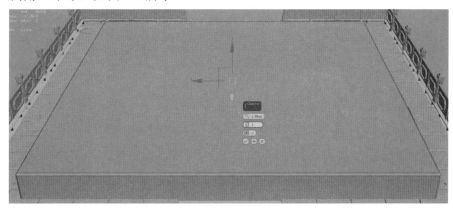

图4-68　二阶地面倒角制作效果

三维场景设计与制作

（2）选择二阶地面顶面，进入▣（面）层级模式，在下拉菜单中选择"倒角"命令，进行内部结构造型的制作。制作倒角时应注意数值调整时产生的模型结构变化，如图4-69所示。

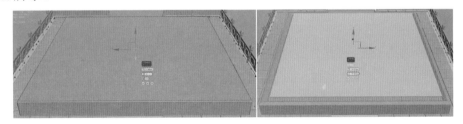

图4-69　二阶地面模型内部结构的造型变化

（3）继续延续二阶地面模型的造型结构制作。选择地面顶部的面进行拉伸，逐步完成地面各个层级结构造型的制作，注意整体模型的结构变化，如图4-70所示。

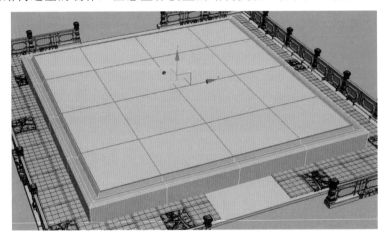

图4-70　二阶台阶模型结构细节制作

（4）结合前面制作的围栏柱底座的制作思路，进入◁（边）层级模式，运用剪切工具对二阶地面侧面的结构进行破损结构的制作。此部分要结合一阶地面及围栏的整体模型关系进行调整，如图4-71所示。

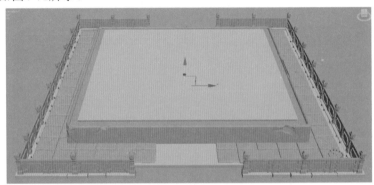

图4-71　二阶地面模型破损结构的制作

（5）在完成二阶地面的破损制作后，从前面制作的一阶地面的砖块中选择一块完好的和一块破损的进行复制，然后将其移动到二阶地面合适位置，再逐步进行复制完成两边砖块的布局，注意完整砖块与破损砖块之间的错误搭配。二阶地面砖块复制调整如图4-72所示。

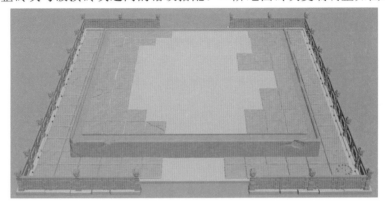

图4-72　二阶地面砖块复制调整

（6）在完成二阶地面及砖块模型的整体布局之后，接下来对砖块及地面边缘部分的空隙进行模型结构的制作。从模型资源库调用一个比较合适的花纹雕刻模型，调整比例大小，使其与空隙部分进行文字匹配，如图4-73所示。结合二阶地面的整体空间布局对四个边的空隙进行模型的整体排布，如图4-74所示。

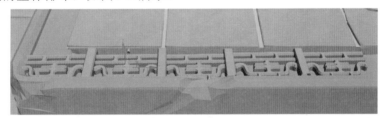

图4-73　二阶地面空隙模型结构的定位

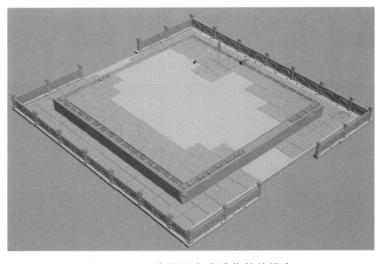

图4-74　二阶地面空隙雕花整体排布

第4章　室外场景制作——试剑台

159

（7）对二阶地面边角部分的莲台柱体的模型进行大体的制作。创建一个长方体作为莲灯的主体，调整长方体长宽高的比例结构，同时给长方体外边及内部制作装饰边。在制作外边结构时多参考一些图片。二阶地面边角莲台柱体模型结构制作如图4-75所示。

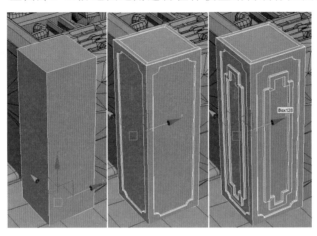

图4-75　二阶地面边角莲台柱体模型结构制作

（8）在莲台柱体上面创建一个圆柱体，根据模型精度设置好柱体的分段数。将其转换为可编辑的多边形物体并进行初步的形体调整。进入 ■（面）层级模式，选择顶部的面，在下拉菜单中选择"倒角"命令，向上逐步拉伸，制作出莲台底盘的大体结构，如图4-76所示。多次执行"拉伸"及"倒角"命令完成莲台柱体上半部分柱体的结构造型，注意各个分段部分结构造型的细节变化。莲台内部模型结构完整效果如图4-77所示。

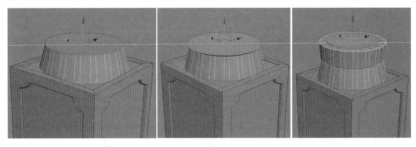

图4-76　莲台底盘模型结构制作效果

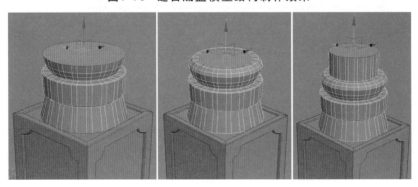

图4-77　莲台内部模型结构完整效果

（9）给莲台柱体周围制作莲叶的模型。结合前面制作柱体的方法，新建一个平面模型基础模型，给平面模型添加FFD变形器，进入控制点模式调整莲叶的基础模型造型，如图4-78所示。进入 ◁（边）层级模式，选择莲叶侧面的边，按住Shift键，向莲叶内部进行线段的拉伸，制作出莲叶侧面的厚度。以柱体为坐标轴心，运用 ⊙ 工具进行复制选择，设置选择的角色及数量，围绕柱体复制一圈莲叶的模型。适当调整每个莲叶之间的间距，把握好与柱体自己的比较结果变化。莲叶整体模型复制及编辑效果如图4-79所示。

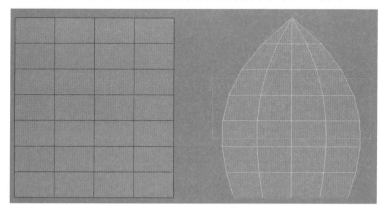

图4-78　莲叶基础模型制作

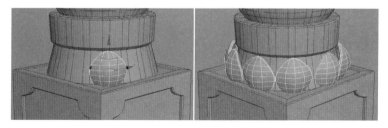

图4-79　莲叶整体模型复制及编辑效果

（10）对莲花模型进行整体复制，运用 ▣ 缩放工具进行整体缩放，并将其移动到中部柱体周围作为装饰物件。为更好地表现装饰物之间的过渡线细节，在两阶莲花之间制作一圈珠子穿插效果如图4-80所示。

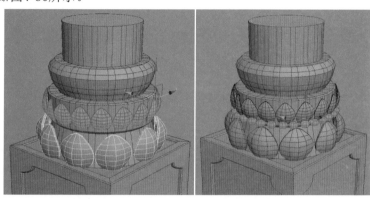

图4-80　莲花层级模型结构制作

161

（11）重复前面制作莲花及珠子模型的思路，在柱体三阶结构转折点部分进行莲叶及珠子的模型制作。此次可采用整体复制并缩放调整的方法完成中部莲叶及珠子的模型结构制作，如图4-81所示。

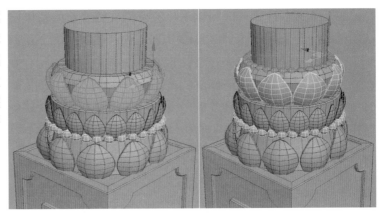

图4-81　莲花三阶模型制作

（12）对莲台柱体重点——莲花主体的结构模型进行细节制作。选择前面创建的一瓣莲花叶，将其移动到柱体顶部外围部分，运用缩放及旋转工具对莲叶进行模型大小及位置定位。以柱体轴心为基点，运用旋转的方式复制多片莲叶的造型，同时适当调整每片莲叶的角度及大小，使其整体看起来符合生长的规律，如图4-82所示。重复前面的制作思路，逐步完成莲花中心部分与中间圆球的模型结构的调整，如图4-83所示。

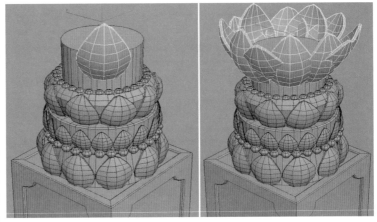

图4-82　莲花主体模型大体制作

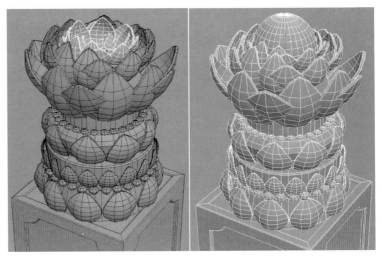

图4-83　莲台主体模型结构整体刻画效果

5.中心圆台模型细节制作

（1）激活圆台中心的模型，结合制作破损围栏的思路，对圆台底座的模型进行细节刻画，使底座与三阶地面砖块模型合理匹配，如图4-84所示。

图4-84　圆台底座模型破损结合制作

（2）选择圆台柱体的模型，进入 △（线）层级模式，运用剪切工具逐步完成对侧面及边角的刻画，注意处理好圆台柱体与底座衔接部位的破损变化，如图4-85所示。

图4-85　圆台柱体边角破损细节刻画

（3）结合圆台大体模型的结构定位，对柱体转折面模型的破损结构进行刻画。进入 ▣（面）层级模式，在下拉菜单中选择"倒角"命令。挤压出转折面的内部的结构造型，制作柱体转折面的破损，如图4-86所示。

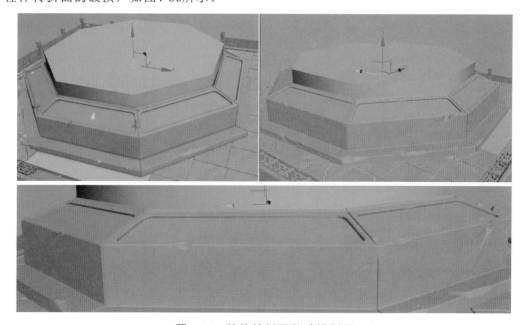

图4-86　柱体转折面的破损刻画

 图上方 — 略

（4）延续柱体破损的制作思路，完成圆台柱体顶部模型的刻画，注意处理好顶部与转折面衔接部分的结构造型变化，如图4-87所示。

图4-87 柱体顶部破损细节刻画效果

（5）在完成圆台柱体模型破损细节的整体刻画之后，接下来对圆台侧面的装饰物的模型结构进行精确定位。在圆台柱体侧面创建长方体基础模型，调整模型的基础形体。逐步完成侧面装饰物件内部与外围模型的形体结构，如图4-88所示。根据圆台侧面的结构对制作完成的侧面装饰物件进行复制，并将其调整到合适的位置，如图4-89所示。

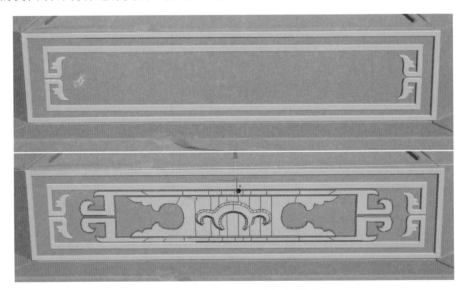

图4-88 侧面模型结构制作效果

图4-89 侧面装饰物模型整体复制效果

（6）结合前面制作的圆台柱体转折面模型的统一标准，给转折面内侧制作花雕纹理。注意外框与转折面衔接部分的协调性，此部分可以结合一些素材库的模型进行不同造型结构，如图4-90所示。

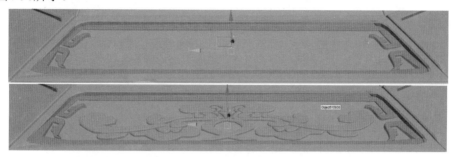

图4-90　圆台转折面花雕模型制作

（7）对圆台顶部侧面进行装饰物件的制作。结合圆台顶部侧面破损的模型刻画，调整好装饰物件与圆台顶部模型结构的匹配关系。对制作好的装饰物件以圆台轴心为中心进行旋转复制，得到整体的圆台顶部侧面模型结构造型，如图4-91所示。

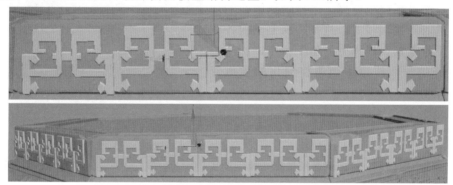

图4-91　圆台顶部侧面装饰物件模型细节制作

（8）在完成圆台侧面装饰物件的制作后，再次对圆台顶部边缘装饰边的雕花模型进行精确定位。此部分可从模型资源库选择一些比较适合的模型结构导入到场景中，然后运用移动机缩放工具对模型进行大小及位置的匹配，如图4-92所示。以圆台轴心为坐标中心，对雕花模型进行45度旋转复制，设置复制的数量为7，得到模型整体的侧面雕花造型，如图4-93所示。

图4-92　圆台顶部雕花模型制作

165

第4章　室外场景制作——试剑台

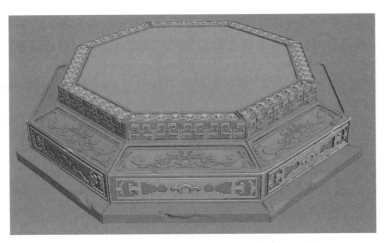

图4-93 圆台侧面雕花整体模型细节刻画效果

6.阶梯模型细节制作

（1）激活前面制作的阶梯基础模型。对阶梯和侧面的梯面进行模型分离。选择阶梯侧面的基础模型，进入 ◁ 层级模式。选择阶梯侧面的各个边线，在下拉菜单中选择"倒角"命令，给两边的模型制作倒角，注意适当调整倒角的数值变化，如图4-94所示。

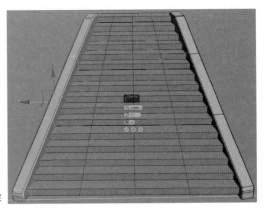

图4-94 阶梯侧面模型倒角模型制作

（2）结合制作圆台破损细节的方法，运用剪切工具对阶梯侧面的模型进行刻画，对阶梯侧面各个拐角转折部分的破损造型进行精细的调整，注意在制作阶梯两边的破损纹理时应尽量有所区分，不能完全一样，如图4-95所示。

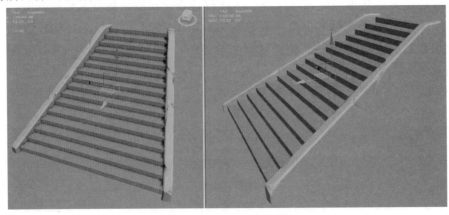

图4-95 阶梯侧面破损纹理刻画效果

（3）对阶梯台阶进行刻画。在阶梯模型底层创建长方体模型，运用剪切工具对长方体边角的位置进行破损细节的刻画。复制长方体模型。运用移动机缩放工具对制作好的长方体进行大小及位置的调整，逐步完成第一层台阶的破损制作。对阶梯模型进行整体复制，调整一二三级台阶模型结构。一至三台阶造型刻画如图4-96所示。

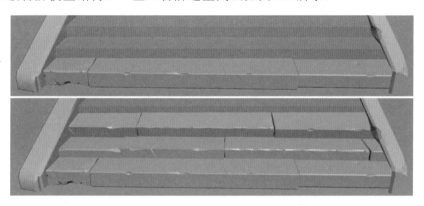

图4-96　一至三阶台阶造型刻画

（4）整体选择一至三阶台阶模型，将其打组，然后对石块模型进行复制。运用移动及缩放工具将其移动到三至六阶台阶的位置，对复制的每一阶石块的造型进行调整，注意每一层级的错位变化，特别是破损部分的造型变化，如图4-97所示。重复上一步操作，完成更高层级的台阶制作，如图4-98所示。

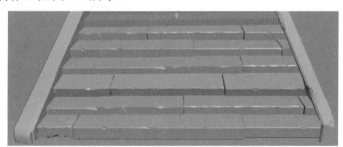

图4-97　三至六阶台阶造型制作

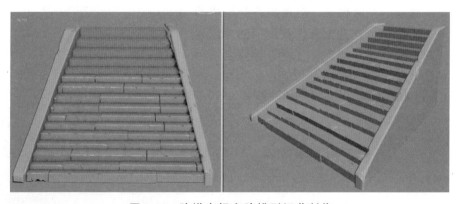

图4-98　阶梯中间台阶模型细节制作

（5）完成阶梯整体模型细节的刻画。注意结合前面制作的台阶模型对整体结构的比例及坐标位置进行定位。显示制作的试剑台整体模型，对每一级台阶的破损结构进行调整。调整好阶梯与其他部分模型的衔接，如图4-99所示。选择阶梯整体模型进行打组，以试剑台轴心为中心对称轴，以"Z"轴作为对称轴，对阶梯模型进行整体复制、调整。赋予试剑台整体模型默认材质球，观察效果如图4-100所示。

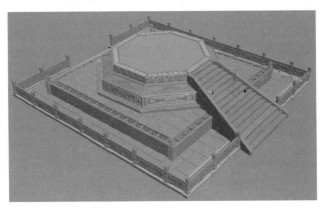

图4-99　阶梯模型整体

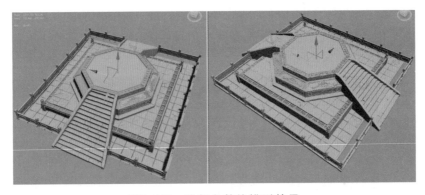

图4-100　试剑台整体模型效果

7. 魔剑模型细节刻画

（1）激活魔剑的基础模型，对魔剑各个组成部分进行刻画。首先进入创建面板，在剑柄部分创建圆柱体，设置圆柱体的基础参数(注意匹配魔剑基础形体结构的比例大小)，运用移动工具调整剑柄的坐标位置，如图4-101所示。

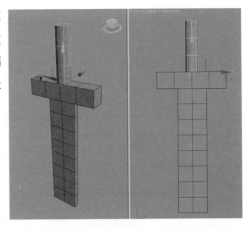

图4-101　剑柄基础模型设置

（2）将换剑柄基础模型转为可编辑的多边形物体，进入 （边）层级模式，选择剑柄底部线段，运用 缩放工具对线段进行放大或缩小命令，对剑柄模型的结构线逐步进行调整。在下拉菜单中选择手托部分的线段执行"倒角"命令，调整出手柄的大体结构造型，如图4-102所示。

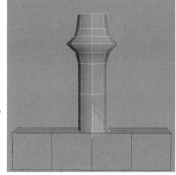

图4-102　剑柄大体造型调整制作

（3）选择手柄中间部分的线段，在下拉菜单中选择"Connect"（链接）工具，重复两次命令，给柄身部分添加线段。同时选择线段执行 缩放命令，整体缩小，制作出凹陷部分的结构。对柄身高点的线段执行"倒角"命令。制作出手柄凹凸起伏的造型变化，如图4-103所示。

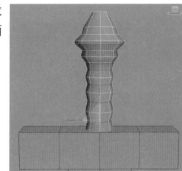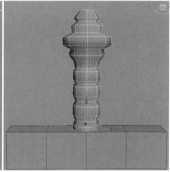

图4-103　剑柄柄身结构造型细化

（4）对制作完成的剑柄模型结构执行"Mesh Smooth"命令。对细分剑柄模型进行参数设置，如图4-104所示。在完成模型的细化分解后，对柄把模型结构上的线段进行调整，选择凸起部分的横截面执行"倒角"命令，挤压出内嵌的模型结构，丰富模型的结构造型，如图4-105所示。

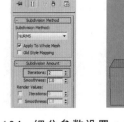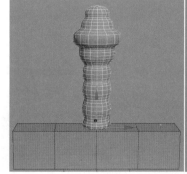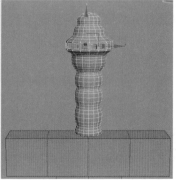

图4-104　细分参数设置　　　　　图4-105　剑柄柄把模型细节刻画

第4章　室外场景制作——试剑台

169

（5）在完成剑柄模型整体制作之后，进入 ⟋（线）层级模式，运用剪切工具对柄把及柄身各个环节的破损进行刻画，注意运用三角面来表现模型转折面的破损结构，如图4-106所示。

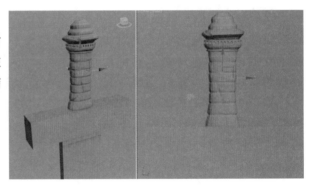

图4-106　剑柄模型破损细节刻画

（6）选择创建的剑身长方体模型，对长方体模型的分段数进行合理的调整。给剑身模型添加FFD变形器，如图4-107所示。进入FFD变形器控制点子物体状态，对剑尖的控制点运用 ▦ "缩放"工具进行调整，制作剑身的大体形态。对与剑托衔接部分的模型结构添加线段，制作出剑身底部的造型。给剑身底部的面进行"倒角"命令，拉伸出模型的结构，如图4-108所示。

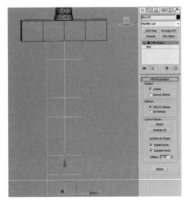 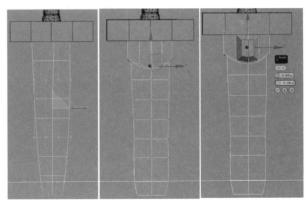

图4-107　FFD变形器基础设置　　　　图4-108　剑身大体造型结构调整

（7）给剑身模型添加一个"Meshsmooth"细分命令，设置细分级别为"1"，然后将细分模型转换为可编辑的多边形，运用剪切加线工具对剑身各个部分的破损结构进行精细的刻画，如图4-109所示。

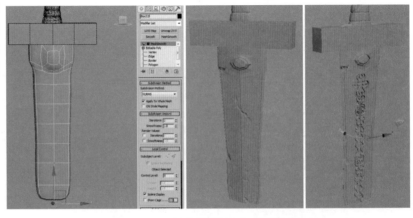

图4-109　剑身模型细分刻画效果

（8）选择剑托长方体基础模型，对长方体模型分段数进行合理设置，便于更好地制作剑托的大体结构造型，如图4-110所示。给长方体添加FFD变形器，进入控制点子物体状态，选择中间的点向上移动，做出大体动态造型，转换可编辑的多边形后进入 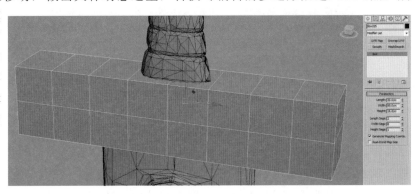 （点）层级模式。勾选软选择模式，选中中间的点向下进行移动，得到剑托的大体结构造型，注意要结合剑柄及剑身的整体造型进行结构调整，如图4-111所示。

图4-110　剑托长方体基础模型参数设置

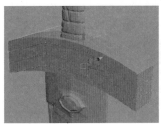 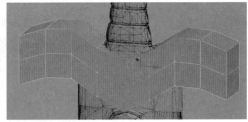

图4-111　剑托大体结构定位

（9）在确定好剑托大体结构造型后，接下来对剑托各个构成部分的模型进行细节刻画，制作出符合魔剑整体造型风格的模型组合结构，如图4-112所示。

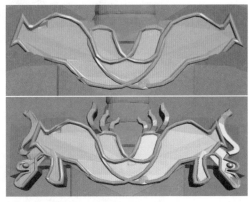

图4-112　剑托主体模型结构制作

> 注：此部分可从模型库选择合适的造型或根据原画设计进行不同的模型制作。

（10）为更好地表现魔剑的特殊之处，可为剑托主体部分添加装饰物件。此部分可以参考一些兵器图片进行装饰物件结构造型的设计，注意处理好装饰物件与剑托主体模型结构的衔接变化，如图4-113所示。

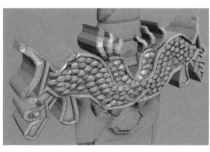

图4-113　剑托装饰物件及主体模型匹配效果

（11）根据魔剑大体模型结构定位，对魔剑两边的铁链及穿插在地面的剑刃模型分别进行制作。在制作完成一个铁链后，进行旋转复制，调整到合适的角度及位置，逐步层层复制，最后运用FDD变形器对铁链的造型动态进行调整，使其与穿插在地面的剑刃模型匹配，如图4-114所示。最后对试剑台魔剑与地面衔接部分的模型结构进行刻画。激活地面基础模型，给地面添加FFD变形器，进入控制点模式对地面进行凹凸不平的细节调整，重点对地面与魔剑衔接处的裂纹进行精细刻画，如图4-115所示。

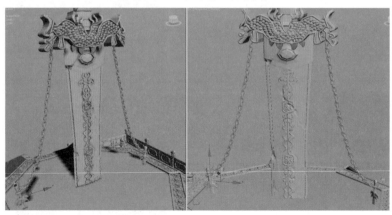

图4-114　铁链及辅助物件模型刻画

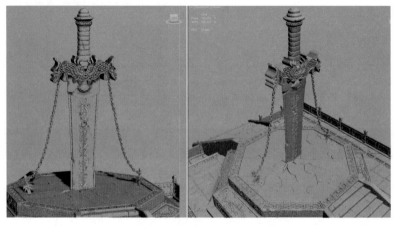

图4-115　圆台地面裂纹细节刻画效果

4.4 试剑台灯光设置

在完成试剑台整体模型刻画后，接下来对场景的灯光进行设置。

（1）单击 ⊞（创建）面板下的 ◁（灯光）中的"TargetDirect（平行光）"按钮，在透视图中创建一个平行光源作为主光源，然后切换到透视图，使用 ✤（选择并移动）工具调整灯光的位置和角度，使灯光照亮试剑台整体模型部分，如图4-116所示。接着在 ☑（修改）面板中对平行光的参数进行设置。根据场景的整体氛围需求，通过渲染对灯光的色彩进行调整，如图4-117所示。最后按下F10键打开渲染设置对话框，修改渲染参数，如图4-118所示。

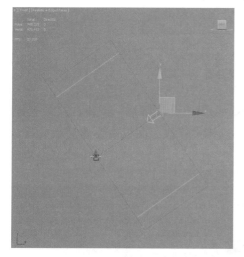

图4-116 平行光基础创建

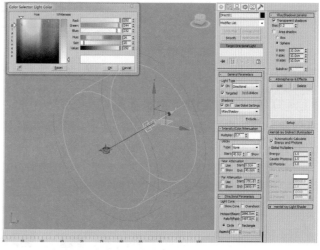

图4-117 设置平行光基础参数

图4-118 渲染参数基础设置

（2）执行菜单中的"渲染|环境"命令，在弹出的"环境和效果"对话框中根据主光源设置合理的"Tint"和"Ambient"基础参数。注意两个环境设置要保持在一个灰度数值范围，以便更好地表现出光照的明暗层次变化，如图4-119所示。

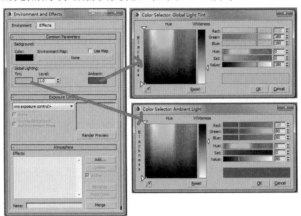

图4-119 环境色参数基础设置

（3）单击 （创建）面板下的 （灯光）中的"Skylight（天光灯）"按钮，在透视图中创建一个天光作为场景环境光，照亮场景全局。然后在 （修改）面板中设置灯光参数，注意天光色的色彩参数变化，如图4-120所示。

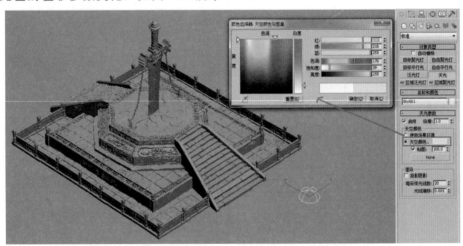

图4-120 创建天光

（4）设置试剑台地面及各级阶梯的辅助灯光。单击 （创建）面板下的 （灯光 中的"Omini（泛光灯）"按钮，在透视图中创建一盏泛光灯。使用 （选择并移动）工具调整灯光到阶梯模型的位置。然后在 （修改）面板中设置好灯光参数和灯光颜色，注意点光源作为辅光进行设置定位主要为照亮暗部，如图4-121所示。根据场景模型结构的整体布局，对设定的点光源进行移动复制，对复制的点光源进行位置及参数调整，注意辅光源不能像主光源那样设置光源的阴影。通过渲染及时调整灯光的参数设置，如图4-122所示。

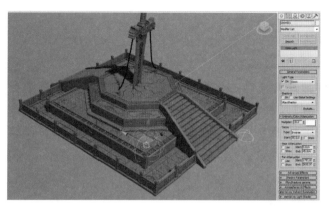

图4-121　点光源（泛光灯）基础参数设置

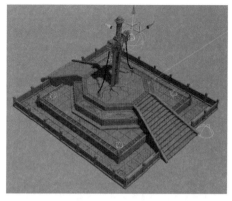

图4-122　场景点光源位置设置定位

（5）选择创建好的泛光灯，将其移动到场景外围适当位置，按下Shift键的同时，使用
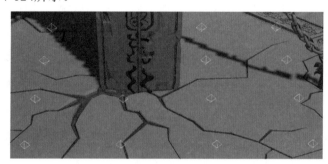（选择并移动）工具拖动，然后以"实例"的方式复制一盏灯光，调整灯光的参数设
置，如图4-123所示。同理，围绕灯笼复制出若干泛光灯，形成阵列排布模式。接着为了
方便选择，选中全部的泛光灯进行"Group"打组命令，把外围的泛光灯进行打组，如
图4-124所示。

图4-123　圆台地面阵列灯光设置

图4-124　试剑台地面场景阵列设置效果

提示：在设置场
景灯光的时候，要充
分掌握不同灯光参数
的应用。除了结合场
景的环境氛围进行整
体调整以外，还要结
合当前比较优秀的渲
染器的高级技巧。只
有这样才能创作出更
为优秀的场景作品。

4.5 试剑台UVW编辑

　　试剑台整体模型的面数比较多，细部结构清晰，结合模型制作的整体思路，试剑台UVW编辑分为四个部分进行：①试剑台围栏及装饰物UVW编辑及材质制作；②试剑台圆台主体及装饰物UVW编辑及纹理制作；③阶梯UVW编辑及纹理制作；④魔剑UVW编辑及纹理质感制作。

4.5.1 围栏及装饰物UVW编辑

　　围栏主要由地面、砖块、柱体、柱面及底座模型等组成，每个部分在模型结构上都是重复使用和排列的，因此在指定围栏的UVW坐标时可以根据各个部分结构造型变化指定对应的UV展开模式。

　　（1）选择底座石块的上面及侧面，分别为其制定一个平面坐标，如图4-125所示。进入UVW编辑面板，对底座上面及侧面编辑好的UV进行排布。指定一个棋盘格检查UV排布是否有拉伸，如图4-126所示。底座其他部分的UVW编辑以此类推。编辑完成后统一进行模型打组。

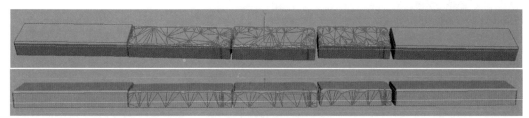

图4-125　底座UV展开

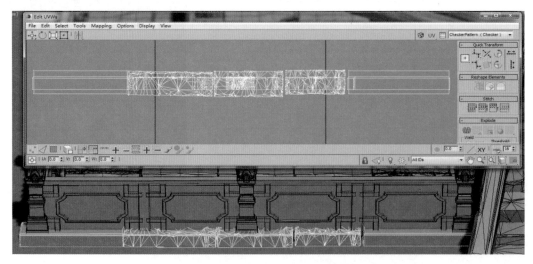

图4-126　底座石块UVW展开及编辑效果

（2）激活围栏的柱子及装饰物的模型，分别给柱面及装饰物指定对应的UV坐标。选择围栏的柱面及装饰物模型，给柱面的上面侧面及装饰物分别指定一个平面坐标，通过棋盘格观察UV分布是否合理，如图4-127所示。进入UVW编辑菜单运用编辑工具进行UV线面编辑及合理编排。注意装饰与柱面的UV尽量不要重叠在一起，如图4-128所示。

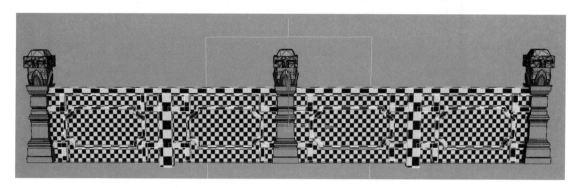

图4-127　柱面及装饰物UV坐标指定

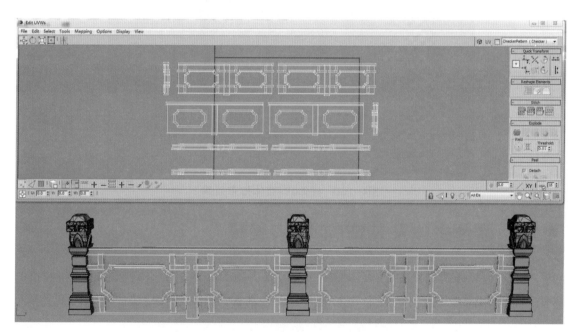

图4-128　柱面UVW编辑排列效果

（3）在完成柱面的UVW编辑后，根据模型结构对柱体的UVW进行坐标的指定。选择柱体正面及侧面的面，分别指定平面坐标，指定棋盘格观察UV的分布是否有拉伸，注意对柱体上的装饰物件模型的UV单独进行坐标指定，如图4-129所示。进入UVW编辑窗口，运用编辑工具对展开的UVW线面进行合理的编辑，注意柱体两个对角面及装饰物的UV不能重叠在一起，排列的时候注意处理好各个UV之间的大小、疏密变化，如图4-130所示。以此类推，按照同样的编辑思路逐步完成围栏其他几个面的UVW编辑。

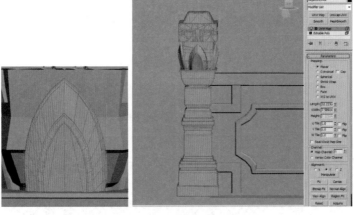

图4-129　柱面UV分解展开效果

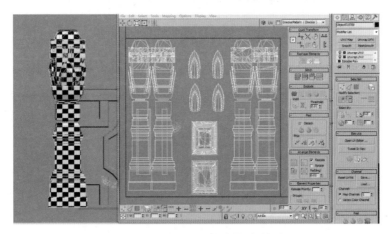

图4-130　柱体UVW整体排布效果

4.5.2　圆台主体及装饰物UVW编辑

（1）对地面砖块模型的UVW进行展开及编辑。地面砖块主要有完好的砖块和破损的砖块两种，因此对展开的UV进行编辑的时候要合理安排好这两种砖块的排列。注意侧面部分要与砖块顶面UV进行分开排布，直到调整出合适的位置，如图4-131所示。

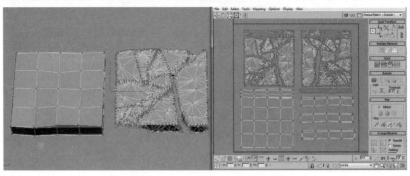

图4-131　砖块UV编辑排布效果

（2）根据模型结构对二阶地面整体UVW进行坐标的指定。选择地面二阶顶部及侧面的面进行长方体坐标的展开，指定棋盘格观察UV的分布是否合理，如图4-132所示。在UVW编辑器菜单运用编辑工具及编辑技巧，对地面的顶部及侧面UV进行合理展开及排布，如图4-133所示。

图4-132　二阶地面整体UVW展开

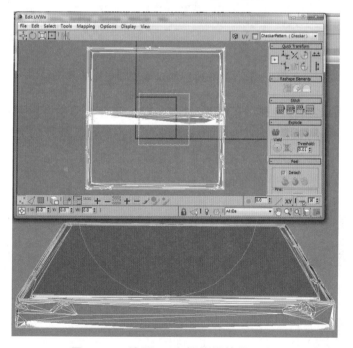

图4-133　地面UVW坐标编辑效果

（3）对二阶地面外边装饰雕花的模型进行UVW坐标的展开。雕花模型是由很多个模型结构组合在一起的，因此要对类似的模型UVW进行分类。指定棋盘格检查UV的分布，如图4-134所示。运用UVW编辑工具对各个部分的UV进行合理的排布，如图4-135所示。

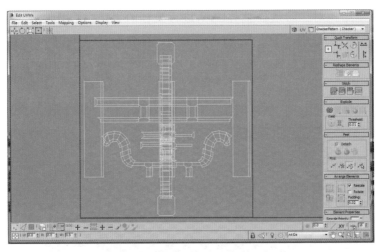

图4-134　雕花模型UVW编辑排布效果

图4-135　雕花模型棋盘格纹理指定效果

（4）对二阶地面转角莲台柱体模型进行UV编辑。莲台柱体模型主要由柱体及莲台两部分构成。对柱体的模型指定一个长方体UV坐标展开，指定棋盘格纹理进行检测UV的分布，如图4-136所示。对展开的UV在UVW编辑器运用编辑工具进行排布，注意柱体与装饰物之间的UV在排列时尽量不要重叠在一起，如图4-137所示。

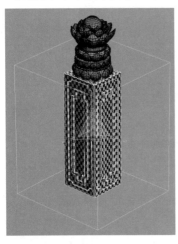

图4-136　柱体及装饰物UV坐标设置

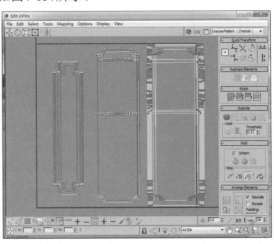

图4-137　柱体及装饰物坐标排列效果

（5）对莲台柱体中间的柱身、莲叶部分模型的UV W进行展开及编辑。选择莲灯中间部分的模型结构，整体上指定一个圆柱坐标进行展开。选择顶部的面，指定平面坐标，调整坐标的轴向为"Z"轴，如图4-138所示。根据莲灯柱身及外部莲叶的结构造型特点，对编辑好的UV运用编辑工具进行合理排列，注意莲叶的各个组成部分的UV在排列的时候尽量重叠在一起，便于制作纹理，如图4-139所示。

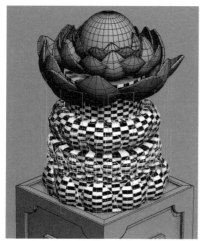

图4-138　莲灯柱体及莲叶坐标指定

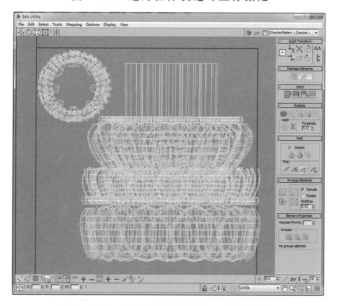

图4-139　莲灯柱体及莲叶UV排列效果

（6）对莲灯顶部的莲花、中心球体进行UV坐标的展开及编辑。选择合并莲花的整体模型，给莲花模型指定一个圆形坐标，指定棋盘格纹理检查UV的合理分布，中心球形采用默认的UV坐标，如图4-140所示。进入UVW编辑器对展开的莲花模型UV进行大小及位置的合理编排，同时观察棋盘格的黑白纹理变化，如图4-141所示。

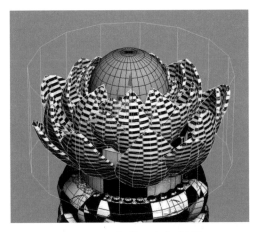

图4-140 莲花UV坐标设置

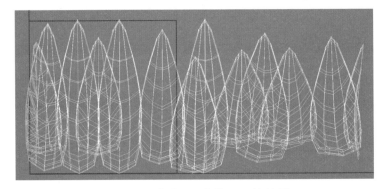

图4-141 莲花UVW编排及调整效果

（7）对中心圆台的模型进行UVW的展开及编辑。选择圆台模型，并为其指定一个平面UVW展开模式，指定棋盘格观察纹理的分布是否合理，如图4-142所示。进入▣（面）层级，选择圆台侧面的面，单独指定圆柱坐标展开模式，如图4-143所示。

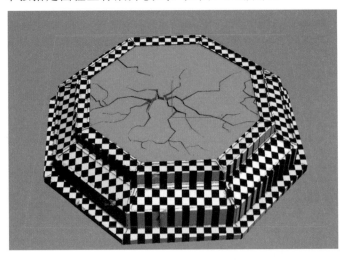

图4-142 圆台基础UV展开

图4-143　圆台侧面模型UV坐标指定

（8）在完成顶部及侧面UVW的展开后，进入到UVW编辑窗口，对这两部分UV运用编辑工具及编辑技巧进行合理的排列，注意观察棋盘格纹变化。圆台整体UV排列效果如图4-144所示。

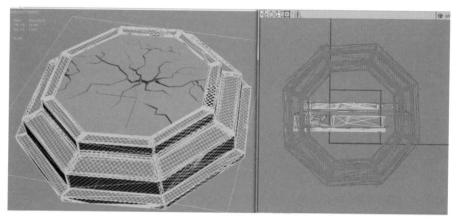

图4-144　圆台整体UV排列效果

（9）选择地面裂纹的模型。给地面裂纹指定一个平面坐标，然后在UVW编辑器里面对其进行大小及位置的调整，注意裂纹部分的UV可以单独分解出来，如图4-145所示。

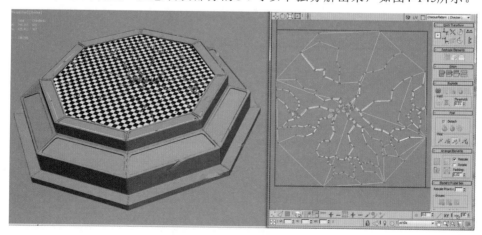

图4-145　圆台地面裂纹坐标编排

（10）在完成圆台及地面的UVW坐标之后，接下来对圆台侧面的雕花模型的UVW进行展开及编辑。为其整体指定一个平面坐标，同时对侧面的UV单独分解进行排列，运用UVW编辑工具对雕花的整体UV进行合理的编排，如图4-146所示。

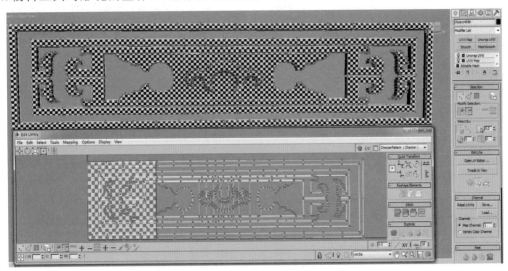

图4-146　圆台侧面雕花UV展开效果

（11）对圆台二阶侧面的装饰雕花进行UVW的展开及编辑。整体上给雕花模型指定平面坐标，然后选择模型各个部分侧面的面，分别进行UV的展开及编辑。通过棋盘格纹理检查分布是否合理，尽量避免出现拉伸，在UV编辑窗口整体进行排列，如图4-147所示。

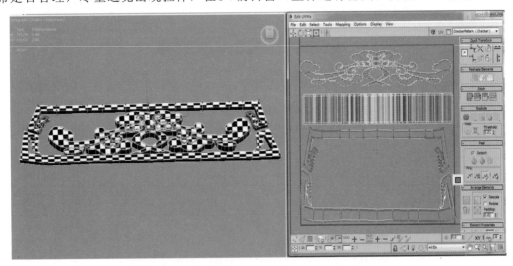

图4-147　圆台二阶侧面UVW编辑效果

（12）对圆台顶部装饰物件的UVW进行展开及编辑。对装饰物模型指定平面坐标，然后对侧面转折的面单独进行展开，然后运用编辑工具在UVW窗口进行整体的排列，如图4-148所示。

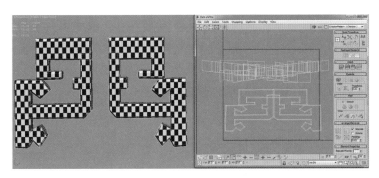

图4-148　圆台顶部UV编辑效果

（13）对圆台顶部侧面的雕花模型的UV进行展开及编辑。此部分重点要处理好雕花正面及侧面UV的排列。为使后续指定纹理贴图的时候能更好地调整纹理的精度变化，此部分以二方连续的方式进行编排。圆台顶部雕花UV编排效果如图4-149所示。

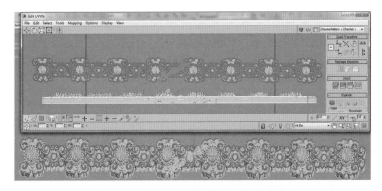

图4-149　圆台顶部雕花UV编排效果

4.5.3　阶梯UVW编辑

阶梯模型主要由台阶及其侧面的梯面体两部分组成，阶梯的UVW编辑步骤如下。

（1）给台阶模型在顶视图指定一个平面的坐标，运用编辑工具进行合理的编辑，得到顶面的UVW编辑排列效果，如图4-150所示。

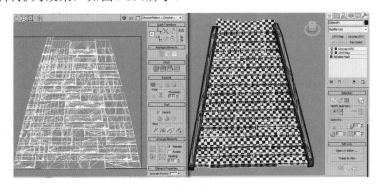

图4-150　台阶顶面UV展开及编辑效果

（2）进入 ▣（面）层级模式，逐步选择楼梯侧面的面。给选中的面指定一个平面坐标进行展开，注意坐标轴向选择"Y"轴。在UVW编辑器里根据棋盘格纹理调整UV的大小分布，如图4-151所示。塌陷楼梯台阶的UVW编辑，同理操作。选择整体台阶模型，进入UVW编辑状态对正面及顶面的UV进行统一调整，如图4-152所示。

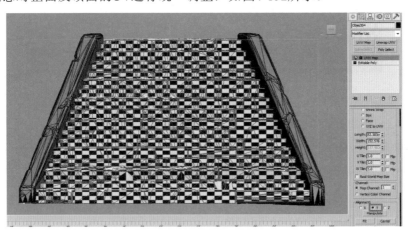

图4-151　楼梯台阶侧面UVW坐标展开

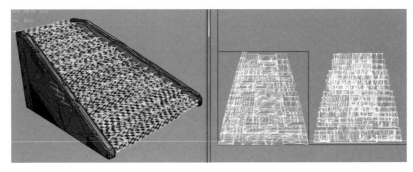

图4-152　楼梯台阶整体UV排列效果

（3）对楼梯侧面的模型结构进行UVW展开。给楼梯侧面模型指定一个平面坐标，注意坐标轴向设置为"X"轴，通过棋盘格纹理变化进行大小适配，如图4-153所示。

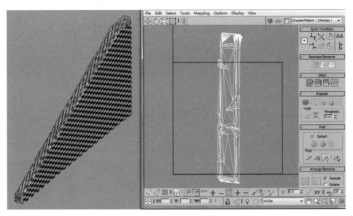

图4-153　楼梯侧面坐标展开设置

（4）进入 ▣（面）层级模式，选择楼梯正面的面，为其指定一个平面坐标，进入UV点模式。运用旋转工具进行角度的调整，并在UV编辑窗口进行比例大小适配，如图4-154所示。结合楼梯侧面的UV整体展开效果，在UVW编辑器里进行整体UV的排列，如图4-155所示。

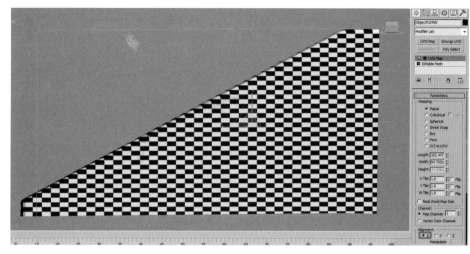

图4-154　楼梯正面模型UV展开效果

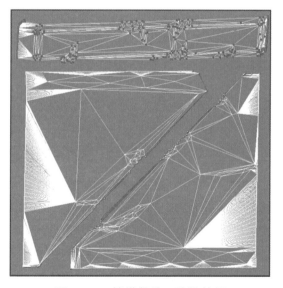

图4-155　楼梯整体UV编排效果

4.5.4　魔剑及装饰物UVW编辑

（1）对试剑台主体模型——魔剑的整体UV进行展开及编辑。为魔剑剑柄模型指定平面坐标，通过棋盘格纹理分布调整UV在编辑器中的变化，注意侧面部分可以先单独分解出来，然后再运用编辑工具及编辑技巧进行UV的缝合。剑柄UV展开及编辑效果如图4-156所示。

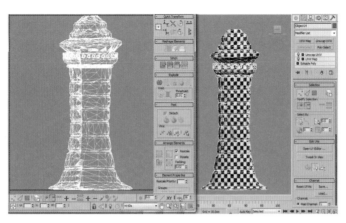

图4-156　剑柄UV展开及编辑效果

（2）选择魔剑中部的剑托模型。为其整体指定一个平面坐标并与模型进行大小适配，进入到编辑器进行位置的调整。通过棋盘格纹理大小调整剑托与剑柄部分UV的变化，如图4-157所示。

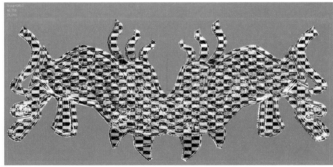

图4-157　剑托正面UVW展开效果

（3）进入◼（面）层级模式。依次选择剑托侧面的面，指定一个平面坐标，注意调整轴向为"Z"轴，注意要将有拉伸部分的UV单独分解出来进行展开及编辑，如图4-158所示。结合正面UV展开的排列效果，对剑柄UVW进行整体编辑及排列，如图4-159所示。

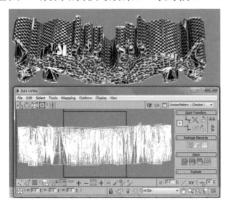

图4-158　剑柄侧面模型UV展开及编辑效果

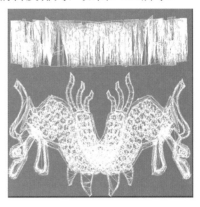

图4-159　剑柄整体UVW排列及调整

（4）接下来对剑身模型进行UVW展开及编辑。这部分以"Y"轴为坐标进行展开，注意运用编辑工具及编辑技巧在UVW编辑器里对剑身UV进行调整，特别是转折部分拉伸的UV编辑。剑身整体模型UVW编辑效果如图4-160所示。

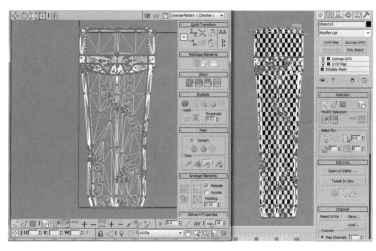

图4-160　剑身整体模型UVW编辑效果

4.6　试剑台纹理材质制作

在试剑台纹理材质的制作流程中，采用高清素材纹理叠加的思路来完成各个部分纹理质感的表现。同时结合前面制作的灯光进行渲染，以调整整体材质的明暗及色彩关系。

4.6.1　底座纹理材质制作

（1）从材质纹理库找一张石质材质的纹理作为围栏的基础纹理。启动Photoshop CS6，选择"文件"|"新建"命令，在弹出的"新建"对话框中在名称栏输入"底座纹理"，将"宽度"和"高度"设置为1024像素，"分辨率"设置为150像素/英寸，"颜色模式"设置为RGB颜色，如图4-161所示。然后单击"确定"按钮即可创建文档。

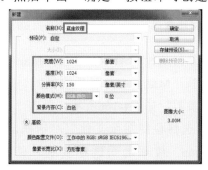

图4-161　底座纹理基础设置

（2）选择Photoshop工具箱中的 ![吸管] （吸管）工具，单击"设置前景色"面板，然后在弹出的对话框中吸取原画中瓦片的基本色彩，如图4-162所示。单击"确定"按钮。接着按下Alt+Delete键盘即可将基本色彩填充到背景层，如图4-163所示。

图4-162　吸取基本颜色

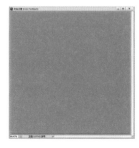

图4-163　填充基本颜色

（3）执行菜单中的"文件|打开"命令，打开"光盘\贴图\第5章室外场景制作——试剑台\maps\石头1.psd"文件。使用 ![移动] （移动工具）单击石材材质并将其拖到"底座纹理"文件中作为基础材质，然后按下Ctrl+T键调出"自由变换"工具调整石材图片大小，再把混合模式设置为"叠加"，透明度设置为45%左右，如图4-164所示。接着单击"底座纹理.psd"文件图层面板下方的 ![新建图层] （创建新图层）按钮新建一个图层，把混合模式设置为"颜色"。使用色彩平衡工具对在"颜色"图层的颜色进行色调调整，如图4-165所示。最后将文件保存为"光盘/贴图/第5章游戏室外场景制作——试剑台/maps /石头1.psd"。

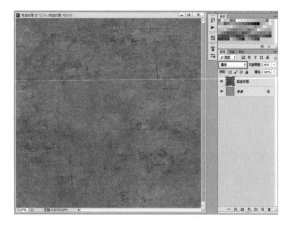

图4-164　制作底座纹理的材质效果

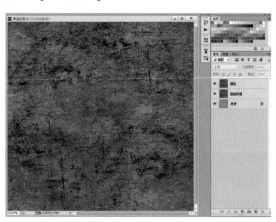

图4-165　调整底座纹理的颜色变化

（4）指定"底座纹理"纹理材质给材质球。在3DS Max中选择底座模型，单击工具栏中 ![材质编辑器] （材质编辑器）按钮或者按下M键，进入材质编辑器。选择一个默认材质球，然后设置好"名称"和"高光级别"参数，如图4-166所示。单击"漫反射"右侧的方框，在弹出菜单中双击"位图"，弹出"选择位图图像文件"对话框，如图4-167所示。将指定好的"Diffuse Color"拖动到"Bump"纹理上面进行复制，使其作为凹凸纹理材质，调整"Bump"的参数设置。最后将"底座纹理.psd"作为材质指定给材质球，如图4-168所示。

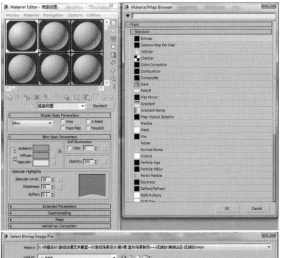

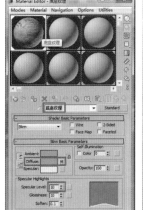

图4-166
设置材质基础参数

图4-167 选择材质球进行材质贴图

图4-168
指定"Bump"纹理通道

（5）将材质赋予给底座模型。在透视图中选择试剑台底座模型，单击材质编辑器中的
（将材质指定给选定对象）按钮，从而将材质赋予给正面底座模型。然后单击材质编辑器
中的 （在视口中显示贴图）按钮，在透视图中观察模型的材质显示效果，如图4-169所示。

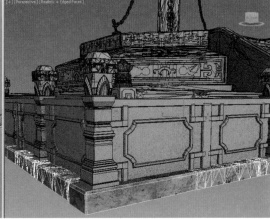

图4-169 将材质指定给底座模型

191

（6）选择围栏的模型。结合前面制作流程导出UV结构线，从资源库找出一张石头纹理的图片，提取围栏UV结构线。将石头纹理拖动到结构线的下方，同时复制石头纹理，再把混合模式改为"叠加"，效果如图4-170所示。然后运用PS的编辑技巧对"围栏纹理贴图"色彩明度、纯度、饱和度进行调整。逐步在图层上面添加编辑图层调试色彩变化，注意反复调试达到合适的效果，如图4-171所示。最后将文件保存到指定的文件夹并命名。

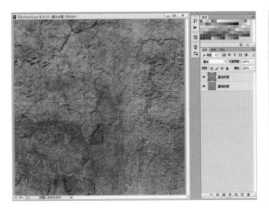

图4-170　围栏材质纹理制作

图4-171　围栏纹理材质贴图制作

（7）在"颜色"图层绘制围栏柱体、柱面及装饰物等的纹理材质的颜色变化。进入材质编辑器，选择一个默认材质球，然后将"名称"设置为"围栏纹理"，将"高光级别"设置为10，结合前面的思路复制纹理到"Bump"通道进行参数设置。如图4-172所示。把"围栏纹理.psd"作为材质指定给材质球，接着将材质赋予给侧面的围栏模型，并在视图中观察显示效果，如图4-173所示。

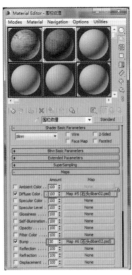

图4-172　围栏材质参数设置

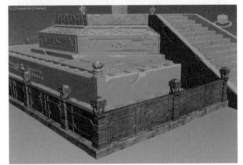

图4-173　在视图中观察瓦片材质效果

（8）为地面砖块的模型制作纹理贴图。进入地面模型的UVW编辑器，对UV结构线进行导出，同时将输出的尺寸设置为1024×4024像素如图4-174所示。在Photoshop里面对输出的UVW结构线进行线框图层的提取。同时打开光盘提供的石头纹理材质库选择一张合适的纹理。拖动纹理到砖块结构线图层的下面。使用 ⊡（选择并移动）工具和 ✛（选择并均匀缩放）工具调整长方体大小和位置，注意纹理精度的变化。砖块基础纹理色彩图层如图4-175所示。

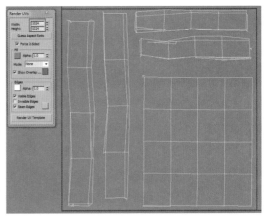

图4-174　砖块UVW输出设置

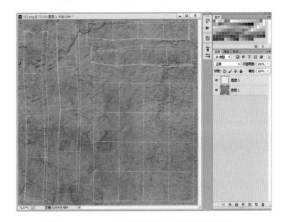

图4-175　砖块基础纹理色彩图层

（9）根据砖块的纹理材质，运用Photoshop的图像编辑技巧及制作流程，逐步为图层添加纹理制作砖块的材质贴图。注意添加的各种图层的调试色彩变化，注意色彩明度、纯度、饱和度的调整。同时运用法线转换插件制作法线纹理，如图4-176所示。指定材质给砖块模型，结合Max材质显示，使用"UVW贴图"修改调整材质贴图的显示精度和位置。完成其他砖块材质贴图的指定和材质变化，效果如图4-177所示。

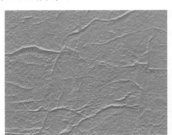

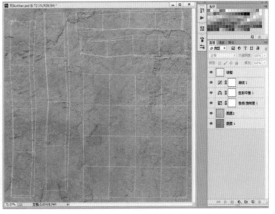

图4-176　砖块纹理图层色彩及法线效果

第4章 室外场景制作——试剑台

图4-177　其他砖块的材质制作效果

（10）对二阶台阶及装饰物件的纹理材质进行制作。选择二阶地面整体模型，结合前面制作的整体思路，对二阶地面侧面及装饰物件的整体纹理进行UV的导出及图层分解。打开光盘，选择素材库提供的石头材质。将其拖动到线稿图层下作为基础纹理。同时运用法线转换工具生成一张地面法线纹理，如图4-178所示。指定编辑好的纹理贴图给二阶地面侧面模型。注意使其与砖块及围栏等材质的统一协调，效果如图4-179所示。

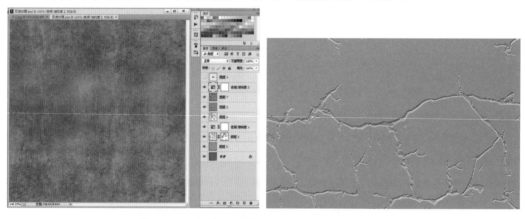

图4-178　二阶地面侧面材质及法线纹理效果

图4-179　二阶地面模型材质效果

4.6.2 圆台主体纹理制作

圆台纹理制作与围墙制作一样，具体制作步骤如下。

（1）制作圆台主体模型的纹理材质效果。导出圆台主体的UV结构线，同时在Photoshop中提取结构线。打开地面的纹理贴图，运用Photoshop编辑技巧进行色彩的调整，如图4-180所示。指定材质给圆台主体模型。结合模型结构调整纹理材质色彩明度、纯度、饱和度的变化。圆台柱体模型材质显示效果如图4-181所示。

图4-180　圆台主体纹理材质调整效果

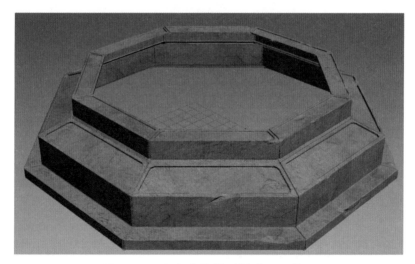

图4-181　圆台主体模型材质显示效果

（2）根据圆台侧面模型的结构造型设计，对各个部分的雕花模型进行材质的绘制调整。结合UV的变化进行贴图纹理的微调，注意各个部分纹理造材质色彩色相、明度、纯度、饱和度的变化。圆台侧面模型组成部分纹理效果，如图4-182所示。

图4-182　圆台装饰浮雕材质的显示效果

（3）完成圆台顶部裂开地面的纹理贴图。将前面指定的地面纹理指定给裂开的地面模型，同时运用转换法线插件工具生成一张Normal法线纹理，并将其指定给贴图通道的"Bump"通道，如图4-183所示。指定材质纹理给裂开的地面模型，适当调整地面的贴图坐标，使之在场景中显示正常，如图4-184所示。

图4-183　裂纹法线纹理

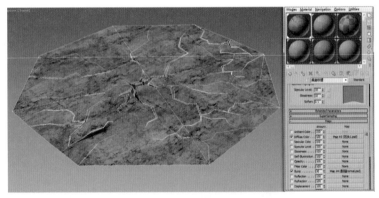

图4-184　地面裂纹材质的显示效果

4.6.3 阶梯台阶纹理制作

接下来，我们逐步为阶梯台阶及侧面模型指定纹理材质。选择阶梯调整好整体UVW进行导出，在PS里面对阶梯UV结构线进行图层的提取。选择一张石头材质纹理将其拖到结构线的下面作为阶梯的基本纹理材质，指定给阶梯正面。选择前面制作好的地面的纹理将其指定给侧面的模型，得到不同色相及不同纹理结构的材质效果，如图4-185所示。

图4-185　阶梯正面及侧面材质纹理效果

4.6.4 魔剑纹理材质制作

魔剑的纹理材质主要以金属为主，魔剑在场景设计中属于任务道具模型，在后续场景应用中有动态特效表现，因此在材质纹理质感表现上，魔剑纹理应与地面纹理融合在一起。

（1）选择魔剑整体模型，进入UVW编辑器对展开的UV进行细节调整。在"编辑UVW"对话框中，使用◻（自由形式模式）工具调整魔剑UV坐标的大小和位置，再将魔剑不同部位的UV坐标进行整体适配。进入到Photoshop中，在材质库选择一张石头材质纹理，运用编辑技巧进行色彩色相、明度、纯度、饱和度的调整，效果如图4-186所示。结合转换法线技术插件，生成一张适合魔剑纹理材质表现的法线纹理贴图，并将其指定给"Bump"通道，如图4-187所示。

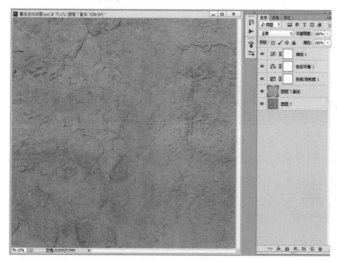

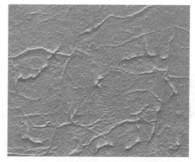

图4-186　调整好魔剑贴图的显示效果　　　图4-187　魔剑法线纹理效果

（2）把绘制好的贴图纹理指定给魔剑整模型。结合模型进一步调整魔剑的UVW贴图坐标，通过渲染调整魔剑纹理贴图及法线贴图混合的效果。给剑刃单独指定一个发光的材质作为特效纹理，如图4-188所示。

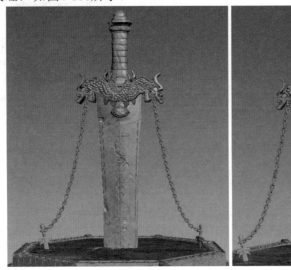

图4-188　调整好的魔剑材质的显示效果

（3）对魔剑铁链的材质纹理进行制作。采用Max金属材质球作为铁链的材质，调整材质球的参数设置，如图4-189所示。结合模型灯光渲染调整材质球数值，特别是亮部高光及暗部反光色彩的变化，如图4-190所示。

图4-189　材质球的参数设置

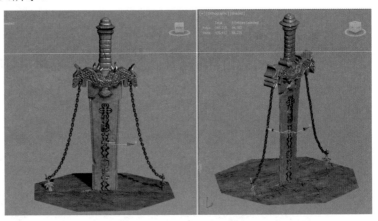

图4-190　魔剑铁链金属材质效果

4.7　渲染出图效果

（1）制作完试剑台的整体场景贴图后，按F10键调出渲染面板，设置渲染输出参数，如图4-191所示。然后单击"渲染"按钮，观察渲染效果，如图4-192所示。

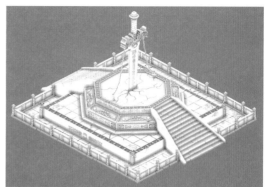

图4-191 设置渲染参数

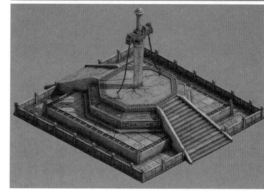

图4-192 场景整体渲染效果图

（2）整体给试剑台主体及构成物件添加细节纹理，比如破损、污渍等效果作为装饰。试剑台最终完成效果，如图4-193所示。

图4-193 试剑台最终完成效果

小结

本章以写实三维场景试剑台的制作流程和规范为例,重点介绍写实三维场景物件的模型结构、UV编辑处理、色彩绘制,以及如何使用3DS Max配合Photoshop制作三维模型、绘制纹理贴图的技巧。通过对本章内容的学习,读者应对下列问题有明确的认识。

(1)掌握写实三维场景模型的制作原理和应用。

(2)了解三维场景在影视、动漫、游戏等领域的应用。

(3)了解三维场景UV编辑的技巧。

(4)掌握场景物件灯光设置的技巧及渲染的流程。

(5)掌握场景物件纹理材质的绘制流程和规范。

(6)重点掌握三维场景中金属材质纹理的绘制技巧。

练习

根据本章场景试剑台的模型制作及UV编辑技巧,结合Photoshop绘制纹理贴图的流程,从网上或者光盘中选择一张场景建筑或物件原画进行模型制作、UV编辑、灯光渲染烘焙、材质纹理的制作。注意把握好三维场景主体元素与物件的结构及色彩关系。

第5章 室外场景制作——塞外城堡

本章以写实风格三维场景——塞外城堡为例，详细介绍了室外三维场景模型制作规范和材质绘制技巧，并结合Photoshop的绘制技巧讲解了三维场景模型、灯光、渲染等技巧及流程规范。

● **实践目标**
- 了解塞外城堡模型的制作规范及制作技巧
- 掌握塞外城堡UV编辑思路及贴图绘制技巧
- 掌握塞外城堡灯光设置及材质纹理的应用

● **实践重点**
- 掌握塞外城堡模型制作流程及制作技巧
- 掌握塞外城堡UV编辑技巧及排列要求
- 掌握塞外城堡材质质感的制作技巧及质感表现
- 掌握三维场景灯光设置技巧及应用

● **实践难点**
- 掌握塞外城堡模型制作、UV编辑流程及制作技巧
- 掌握塞外城堡写实材质质感的绘制技巧及应用

本章以室外场景——塞外城堡的制作为例，详细讲解写实风格三维场景中主体建筑与物件的制作及渲染技巧。塞外城堡场景材质渲染效果如图5-1所示；塞外城堡场景明暗光影渲染效果如图5-2所示。

图5-1　塞外城堡场景材质渲染效果

图5-2　塞外城堡场景明暗光影渲染效果

在制作塞外城堡场景之前，要根据项目要求对城堡进行分析，了解其美术风格定位及应用。塞外城堡文案描述如表5-1所示。

表5-1 塞外城堡文案描述

名　称	塞外城堡
用　途	供远途劳累的将士们中途休息的驿站
简　述	塞外城堡材质纹理为写实风格室外场景建筑，在场景模块分类中属于功能性建筑，而且有非常鲜明的塞外艺术特色。其造型在写实的基础上又有自身独特的结构造型特色，厚实的城墙主体与周边装饰物件的整体色彩关系突显出浓浓的塞外乡土气息
注　释	塞外城堡美术材质表现为写实风格古代建筑，有比较明确的民族地方特色，在三维场景制作应用非常广泛
制作细节	重点表现城墙、地表泥土的材质纹理、装饰性帆布纹理、柱子的木纹等材料质感

通过文案描述，塞外城堡的整体制作可分为三大环节：①塞外城堡场景模型的制作；②塞外城堡模型UV的编辑；③材质灯光渲染及纹理合成。

5.1 塞外城堡结构分析

根据场景空间原画设计，在制作之前需要对塞外城堡进行模型基本结构的分解，以便后续在制作模型材质时能更好地把握整体与局部之间的关系。塞外城堡主要由两部分构成：一是城堡主体建筑的模型结构；二是城堡周边装饰物件的模型结构。塞外城堡模型原画分解如图5-3所示。

图5-3　塞外城堡模型原画分解

5.2 单位设置

在制作塞外城堡场景之前，要根据项目要求来设置软件的系统参数，包括单位尺寸、网格大小、坐标点的定位等。不同的三维项目，对系统参数有不同的要求。本例使用的是游戏开发中通用的设置方法。

（1）进入3DS max2016操作界面，然后执行菜单中的"Customize"|"Unit Setup"命令，在弹出的"单位设置"对话框中单击"公制"，再从下拉列表框中选择"Meters"，如图5-4所示。接着单击"系统单位设置"按钮，在弹出的对话框中将设定系统单位比例值设为"1Unit=1.0Meters"，如图5-5所示。单击"确定"按钮，从而完成系统单位设置。

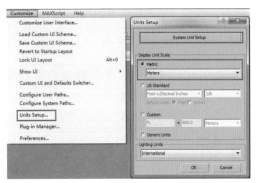

图5-4　单位设置对话框　　　　　　图5-5　设置系统单位

（2）设置系统显示内置参数，这样可以在制作中看到更真实（无须通过渲染才能查看）的视觉效果。方法：执行菜单中的"Customize"|"Preferences"命令弹出"首选项设置"对话框，单击Viewport（视口）标签，如图5-6所示。然后单击"显示驱动程序"下的"选择驱动程序"按钮，设置"Direct3D"参数如图5-7所示，从而完成显示设置。

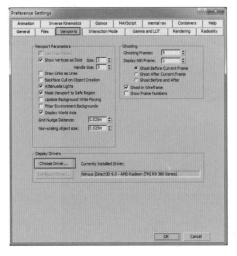

图5-6　选择"视口"选择卡　　　　　图5-7　设置"Direct3D"参数

5.3 制作塞外城堡模型

根据设计要求，塞外城堡模型可分为三个部分：主体建筑部分、附属建筑部分、装饰物件。附属建筑部分包括瓦片、方立柱、圆柱、楼梯等结构。装饰物件有盆景、雕塑、石墩、战车等结构。

5.3.1 塞外城堡基础模型的制作

为了保证场景建筑结构和比例的正确性，首先要使用标准几何体搭建一个透视准确的基础场景，然后在此基础上才能按照由大到小，由主到次的顺序逐步制作城堡主体模型的形体结构，最后以基础框架模型为参照标准用制作出的真实模型替换掉基础场景。

（1）制作城堡基础框架模型。主体城墙主要有两层结构，第一次中间部分属于镂空的结构造型。打开3DS Max2016软件，单击 ⊞（创建）面板下的 ⊙（几何体）中的"Box长方体"按钮，在顶视图创建一个长方体模型，然后将其半径、高度、高度分段、端面分段和边数分别设置为20m、24m、10m，将其分段数分别设置为2、2、1，如图5-8所示。在 ⊞（移动）键右键单击，在弹出的菜单中把长方体的坐标调整为（0，0，0），如图5-9所示。

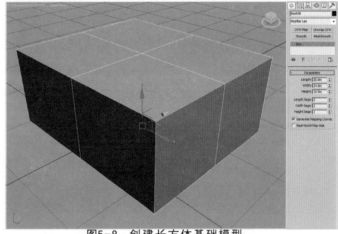

图5-8 创建长方体基础模型

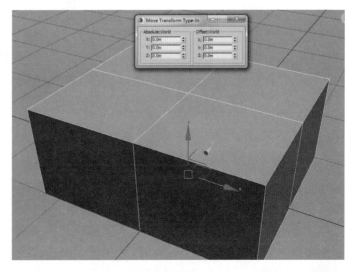

图5-9 调整长方体的坐标位置

（2）选择城墙长方体基础模型，按M键打开材质编辑器，然后选择一个默认材质球。单击 （将材质指定给选定对象）按钮，从而指定给圆柱体一个默认材质，调整材质球的基础色彩，如图5-10所示。接着选择长方体，并在视图中鼠标右键单击，从弹出的快捷菜单中选择"转换为|转换为可编辑多边形"命令，将长方体转换为可编辑的多边形。

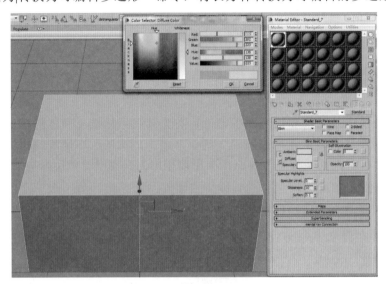

图5-10 城堡材质球基础色彩设置

（3）结合城墙一层模型制作的整体思路，在一层的基础上创建两个长方体模型作为城堡二层、三层的主体结构，运用移动工具调整两层模型的位置，如图5-11所示。

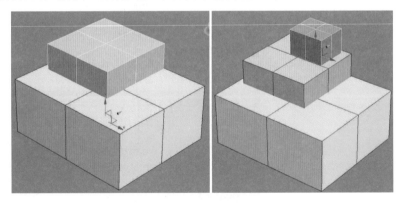

图5-11 二层、三层大体结构定位

4）在制作好城堡基础结构的比例大小及主体模型定位后，接下来对城堡一层运用布尔运算制作出内嵌的模型造型。单击 （创建）面板下的 （几何体）中的"长方体"按钮，在顶视图中创建一个长方体，再设置长方体的长、宽和高比例大小及分段数。然后选择长方体，并在视图中鼠标右键单击，从弹出的快捷菜单中选择"转换为|转换为可编辑多边形"命令，将长方体转换为可编辑多边形，如图5-12所示。

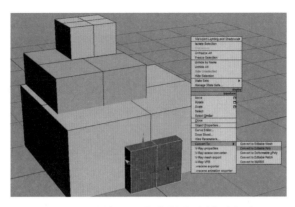

图5-12 城墙一层内嵌长方体模型创建

（5）对一层城墙及内嵌结构的模型进行模型的合并，制作出镂空的内部结构造型。进入创建面板，在下拉菜单中选择合并物体模块面板，选择"Boolean（布尔）"按键，对两个长方体模型进行合并，参数设置如图5-13所示。选择城堡一层的长方体模型。在编辑菜单中选择"布尔"工具，对"布尔"编辑菜单选择合并的模式，然后在内嵌长方体模型上进行单击，得到镂空的结构造型。如图5-14所示。

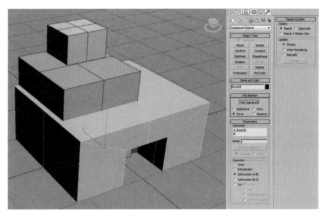

图5-13 合并面板参数设置   图5-14 "布尔"运算合并基础模型

（6）按照上述思路完成对城堡二层建筑的制作。新建一个长方体，将其调整到二层模型的合适位置，运用"Boolean（布尔）"运算制作内嵌的结构造型，注意使其与一层内嵌结构造型有些区分，如图5-15所示。

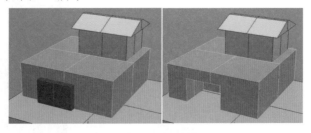

图5-15 二层内嵌模型结构造型制作

（7）为顶层蓬顶创建基础模型。在上层小蓬长方体上新建一个长方体，将其转换为可编辑的多边形物体，接着进入■（顶点）层级，使用■（选择并移动）工具和■（选择并均匀缩放）工具调整长方体的造型和位置，如图5-16所示。

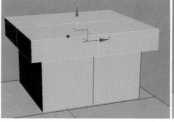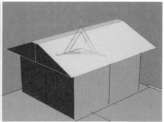

图5-16　顶部蓬顶基础模型制作

（8）对城墙一层附属物件——城门前面的木架蓬进行基础形体的制作。新建一个圆柱体并对其进行参数的设置，如图5-17所示。对场景的圆柱体进行移动复制，运用移动键将其移动到对应的位置。注意调整圆柱体长宽高的比例关系，如图5-18所示。

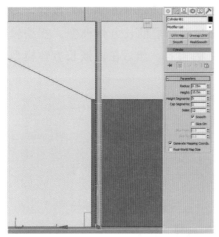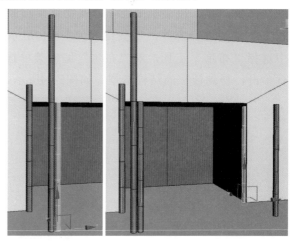

图5-17　圆柱体基础模型创建及参数设置　　　图5-18　移动复制圆柱体模型并进行位置调整

（9）对木架蓬横梁部分的基础模型构进行制作。选择已经创建的圆柱体模型，运用旋转工具调整角度并对其进行复制。重复复制圆柱体基础模型，将其调整到合适的位置，逐步完善木架蓬的大体结构造型，如图5-19所示。

图5-19　木架蓬结构造型逐步完善

（10）继续对木架蓬左侧的装饰结构进行细节进的完善，注意不同物件长宽高比例的变化及位置坐标的调整，同时对左侧装饰物件也进行形体结构的完善，如图5-20所示。对左侧制作完成的木架结构造型进行镜像复制，将其移动到合适的位置，使其与城墙的位置点整体匹配，如图5-21所示。

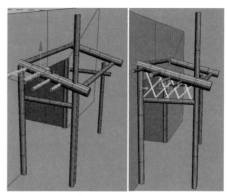

图5-20　木架蓬侧面形体结构制作

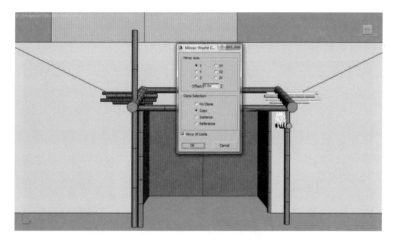

图5-21　镜像复制右侧木架模型结构

（11）在完成木架蓬柱体结构造型后，对木架上的帆布基础模型进行制作。新建一个平面模型，对平面模型的分段数及位置坐标进行设置，如图5-22所示。

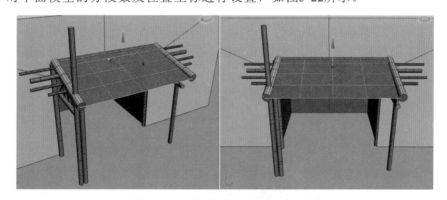

图5-22　木架蓬整体模型结构制作

（12）根据模型城堡二层原画设计的结构定位，复制一层的木架蓬整体模型结构，并将其移动到二层合适的位置。根据二层墙体内嵌结构的造型调整木架蓬的比例及位置匹配，同时给两边制作护栏，如图5-23所示。

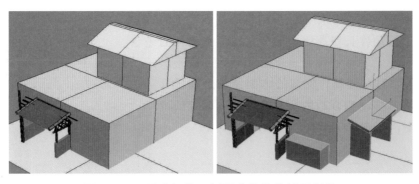

图5-23　二层木架蓬及侧面装饰物件模型制作

（13）对顶层装饰物件的基础模型进行定位。根据原画设计在各个部位创建不同造型的长方体模型，并对长宽高的比例进行调整，图5-24所示。

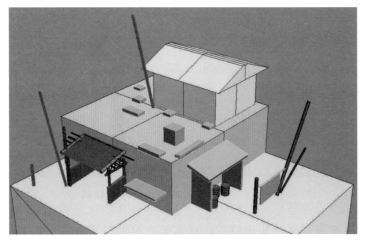

图5-24　顶层物件基础定位

（14）对地表装饰物进行模型结构的定位。注意地表装饰物物件与城墙主体模型的比例关系及空间布局，特别是城门左右两边装饰物件的摆放要结合原画定位统一进行协调，如图5-25所示。

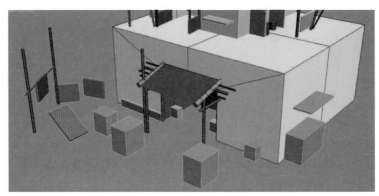

图5-25　地表装饰物件结构定位

5.3.2 塞外城堡主体建筑的制作

在城堡基础场景模型的基础上，刻画主体建筑的结构模型。具体步骤如下。

（1）制作一层城墙各面的模型。为了便于观察和操作，需要隐藏暂时不用的模型。选择除二层地面、附属物件及装饰物以外的模型结构，单击鼠标右键，然后从弹出的菜单中执行"隐藏选定对象"命令，将模型隐藏。单击 (创建) 面板下的 (几何体) 中的"长方体"按钮，在顶视图中创建一个长方体，并设置长方体的长、宽、高的比例及分段数，作为顶部的基础造型，如图5-26所示。

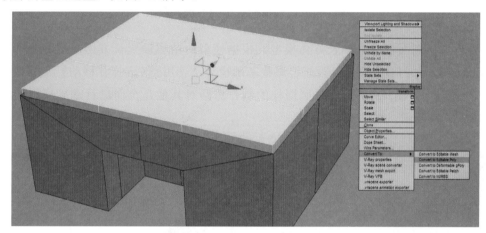

图5-26 一层城墙顶部模型制作

（2）在编辑菜单下方选择FFD晶格变形器，进入 **Control Points** 控制点模式对城墙顶部模型进行结构的调整，如图5-27所示。对顶部模型进行调整时注意结合城墙基础模型结构的造型变化。进入 (边) 层级模式。运用剪切命令根据需要添加线段，如图5-28所示。

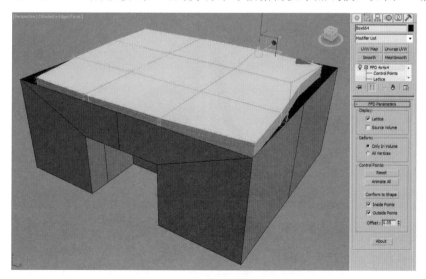

图5-27 FFD调整长方体模型结构

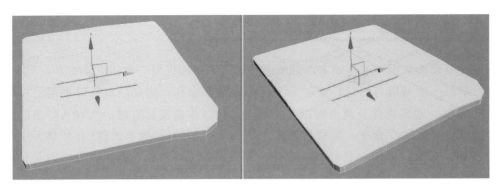

图5-28　城墙顶部模型细节刻画效果

（3）为城堡侧面创建基础长方体模型。根据模型的结构设置长方体模型的基础参数，同时给长方体添加FFD晶格变形器继续调整基础模型，使用 ⊞（选择并移动）工具调整晶格控制点的造型，如图5-29所示。按照同样的制作思路对其他几个面进行基础模型的创建及编辑，如图5-30所示。

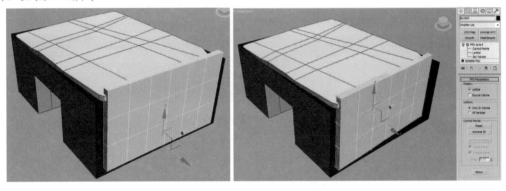

图5-29　侧面墙体模型调整

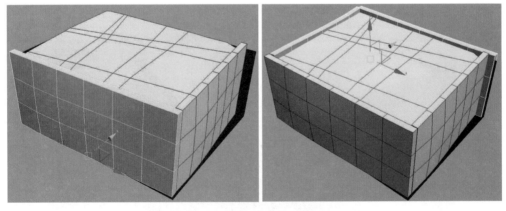

图5-30　一层其他几个面的模型制作

（4）选择墙体正面的长方体模型，进入 ■（多边形）层级，然后选择正面墙体中间的面，按Delete键删除选择的面，得到正面镂空的模型结构，如图5-31所示。

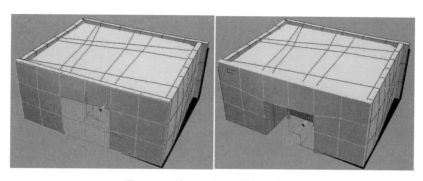

图5-31　墙体正面模型结构编辑

（5）进入 ▣（多边形）层级，按照整体到局部的思路，选择墙体侧面的多边形，运用剪切工具对墙体模型进行刻画。注意多运用三角面制作破损结构造型，多参照原画的设计需求微调。特别是体面转折部分的结构要注意线段的合理性，要刻画好拐角模型破损部分的切角效果，如图5-32所示。

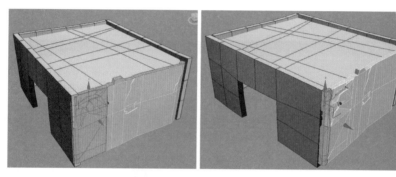

图5-32　墙体侧面破损模型刻画

（6）选择墙体正面的右侧面，进入 ▣（多边形）层级，按住Ctrl键加选多边形。右键单击，选择菜单中的"挤出"命令前方的 ▣ 按钮，在弹出的"挤出多边形"对话框中设置"高度"值，将选择的墙体多边形以"组"的方式沿X轴向左侧挤出厚度，同时对前面墙面进行镂空造型结构的制作，效果如图5-33所示。然后保持多边形的选择状态，按住Ctrl键的同时，单击 ◁（边）层级，从而将被选择的所有多边形切换为边状态，制作转折面的倒角结构造型，注意衔接部分的结构变化，如图5-34所示。

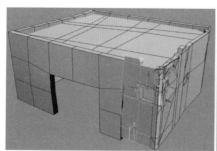
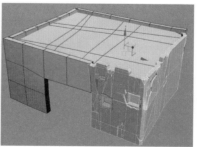

图5-33　墙体前面破损模型结构的刻画

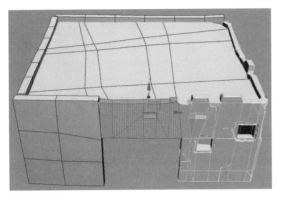

提示：多边形被选择时显示为红色，如果在建模过程中不方便观察，可以按下F2键将多边形的显示效果切换为红色线框模式。

图5-34　为墙体门口添加切角效果

（7）制作正面墙体左侧的破损结构造型。根据墙体大体造型结构定位，进入◁（边）层级模式，延续侧面的造型进行线段的拉伸，及时切换线面的编辑状态。结合右侧的破损造型运用剪切工具完成内嵌补洞造型的制作。注意左侧与右侧墙体破损结构的不同区分，如图5-35所示。

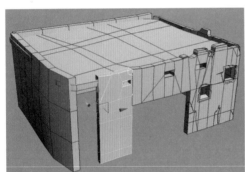
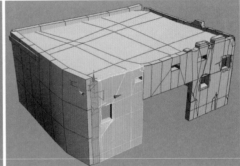

图5-35　墙体左侧破损结构制作效果

（8）进入◁（边）层级，选择侧面一圈线段，按住Shift键的同时，使用✥（选择并移动）工具对左侧拐角的过渡结构进行制作。右键单击，选择菜单中的"切角"前方的▫按钮，在弹出"切角"对话框中设置拐角模型倒角的参数，如图5-36所示。对城墙后面的墙面模型结构进行刻画，因其处于后面，所以其模型结构的细化相对简略。为后墙面模型添加倒角效果，如图5-37所示。

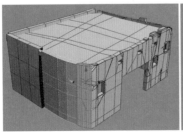
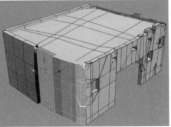
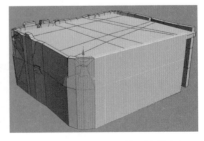

图5-36　为管状体添加倒角效果　　　　　　　　图5-37　墙体后面转折结构刻画

（9）激活城堡二层大体模型结构造型，在侧面创建多边形几何体，进行基础参数的设置，并将其移动到合适的位置，转换为可编辑的几何体模型。给长方体添加FFD变形器，运用控制点根据调整长方体的外部造型，如图5-38所示。进入 （点）层级模式，运用剪切工具对墙面各个拐角转折部分的破损结构进行刻画。结合原画设计造型特点，进入 ■（面）层级模式，对侧面顶部的凹凸面逐步进行调整，如图5-39所示。

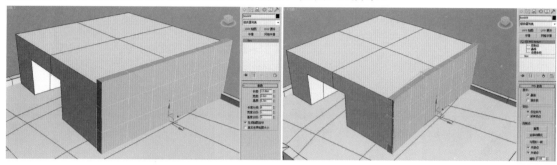

图5-38　二层墙体侧面大体模型编辑

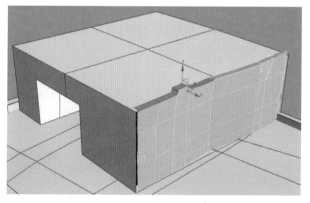

图5-39　侧面墙体破损结构刻画

（10）对二层墙体正面与侧面转折部分的模型结构进行刻画。进入 ■（面）层级模式，对墙面右侧的破损结构进行刻画。注意处理好右侧墙面与其他墙面内嵌破损结构造型的整体关系，如图5-40所示。

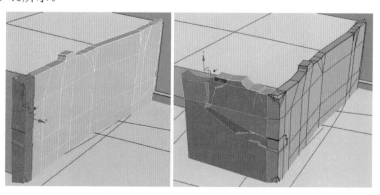

图5-40　正面墙体破损程度刻画效果

（11）制作城墙左侧模型破损细节。选择侧门的线段按住Shift键将其向往前移动、拉伸制作出大门的结构造型。运用剪切工具对侧面的破损细节进行刻画，如图5-41所示。结合墙体整体模型结构对后墙的破损细节进行刻画，对墙体内部及外部结构造型进行线面调整，尽量结合原画设计的墙体结构进行细节的统一调整，如图5-42所示。根据原画设计对一层及二层墙体模型结构进行统一调整及刻画，如图5-43所示。

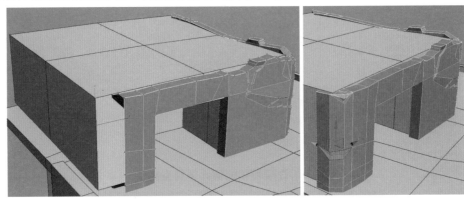

图5-41　墙体大门结构造型刻画

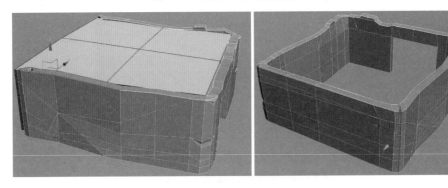

图5-42　后墙模型的制作

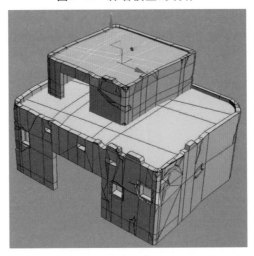

图5-43　一层及二层整体模型结构调整

（12）制作大门前面的木架蓬模型。先从制作帆布的结构造型开始。单击 ⊞（创建）面板下 ⊙（几何体）中的"Plane"按钮，在透视图中创建一个平面，设置平面长宽及分段数的参数，再将平面转换为可编辑多边形，如图5-44所示。添加FFD晶格变形器，然后进入 ⊡（控制点）层级，参照原画，使用 ✛（选择并移动）和 ⊡（选择并均匀缩放）工具调整平面的大小，如图5-45所示。接着进入 ◁（边）层级，运用剪切工具对前面的边进行刻画。选择平面的所有边，右键单击，选择菜单中的"切角"前方 ▢ 按钮，并在弹出"挤压"对话框中设置"切角边量"和"连接边分段"的参数值，为平面添加倒角效果，从而制作出帆布的模型，如图5-46所示。

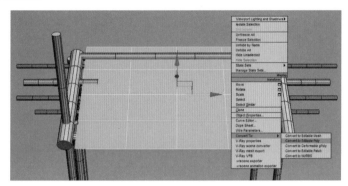

图5-44　制作帆布的结构造型

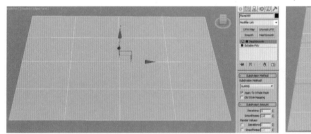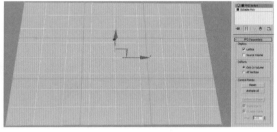

图5-45　添加FFD变形器

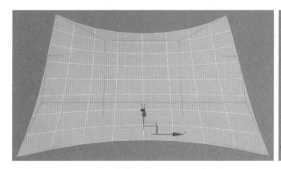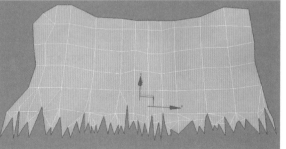

图5-46　帆布造型深入刻画

（13）制作木架蓬主体木柱的模型。创建一个基础圆柱体，设置长宽高及分段数参数，按下Shift键的同时使用 ✛（选择并移动）工具移动木架蓬到相应的位置，然后在弹出的"克隆选项"对话框中选择"复制"模式。根据不同部位的造型变化，进行大体造型的刻画，如图5-47所示。使用 ⊕（选择并移动）和 ▣（选择并均匀缩放）工具调整复制的木柱的大小和位置，如图5-48所示。

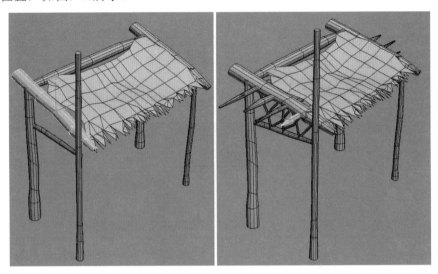

图5-47 复制木柱模型

图5-48 木柱制作效果

（14）给一层城墙的边沿制作装饰木桩的模型结构。创建基础圆柱，同时对圆柱的结构造型进行编辑，制作出木桩的破损造型变化，在木桩的上面创建缠绕的曲线，进入到曲线 ▣（点）层级模式调整曲线的外部造型。调整显示曲线模式为渲染模式，如图5-49所示。按下shift键的同时使用 ⊕（选择并移动）工具拖动复制出第二层绳子的模型。进入 ▣（顶点）层级，使用 ⊕（选择并移动）工具调整后面复制的绳子的结构和位置，制作出不规则的排列效果，如图5-50所示。同理，根据城墙正面的整体造型，逐步复制木桩及绳子的组合体并将其调整到合适的位置。

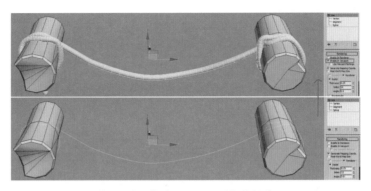

图5-49 木桩及绳子的模型制作

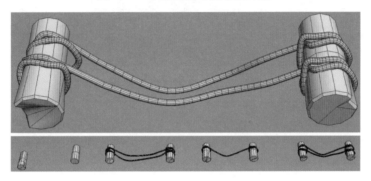

图5-50 合并第一层木柱及绳子的模型

（15）对墙体各个破损部分的内嵌木架模型进行基础造型的制作，注意处理好木架与墙体模型的衔接关系，如图5-51所示。

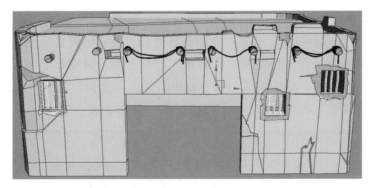

图5-51 墙体破损内嵌木架结构制作

（16）制作墙角两侧的石块。在墙角创建长方体模型作为石块的基础模型，调整长方体的长宽高及分段，再执行右键菜单中的转换为可编辑的多边形物体命令，进入 （顶点）层级运用编辑工具调整石块的线段及造型变化。注意抓住石块基础造型的特点，复制多块石块形体并进行打组，如图5-52所示。按下shift键，使用 （选择并移动）工具拖动，并在弹出的对话框中选择"克隆到对象"选项，从而复制出侧面的石块组合。多次复制石块组合体进行造型的调整，使石块分布在城墙的各个墙角，如图5-53所示。

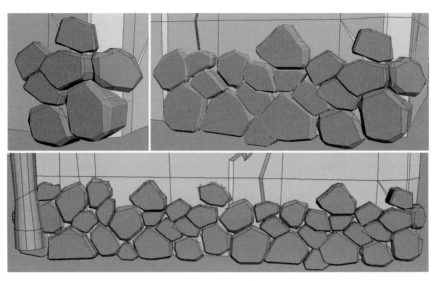

图5-52　石块大体造型制作

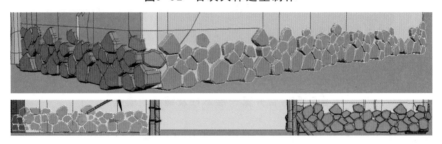

图5-53　墙角石块整体调整效果

（17）制作墙体装饰物件——车轮的大体造型。创建一个圆管作为车轮外部的基础造型。在圆管中心创建一个圆柱，设置圆管和圆柱的分段数及厚度数值变化，进行中心位置的对齐，如图5-54所示。在车轮中间位置创建一个长方体，调整长方体长宽高的数值。调整到合适的位置后激活 ⟳ 旋转工具，按住Shift工具进行选择复制，设置旋转的角度为45度，设置复制数量为7，从而得到完整的车轮造型，如图5-55所示。

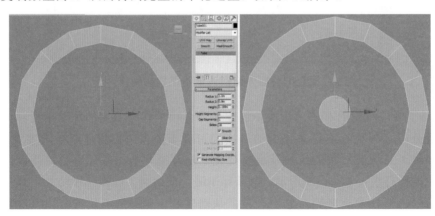

图5-54　车轮大体结构造型设置

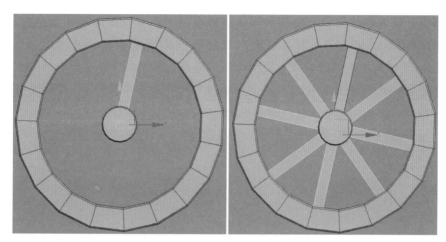

图5-55　车轮模型制作

5.3.3 塞外城堡附属建筑的制作

　　城堡附属建筑包括地表石块、木架屋、战车、栏杆等。根据物件不同的造型，城堡附属建筑的模型制作步骤如下。

　　（1）制作地表石块的基础模型。单击 ⊕（创建）面板下 ◎（几何体）中的"长方体"按钮，在透视图中创建一个长方体。然后在 ✐（修改）面板中设置模型的长、宽和高的数值，运用多边形模型编辑的技巧，逐步完成石块的基础造型变化，如图5-56所示。按住Shift键运用移动工具对制作的石块进行复制，运用FFD变形器对石块的结构造型进行调整，得到不同的石块模型，排列石块的位置，并进行模型群组，如图5-57所示。

图5-56　石块大体造型刻画

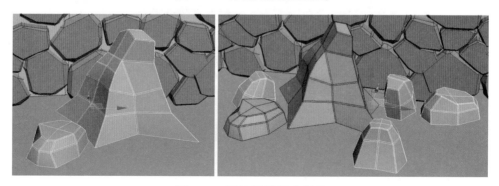

图5-57　石块模型组合制作

（2）制作石墩的大体造型。新建长方体基础模型，设置长方体的基础参数。将其转换为可编辑的多边形，进入▣（面）层级，选择长方体上面的面，在下拉菜单中，选择"Bevel"按钮进行倒角参数的设置，挤压出石墩底座的基础模型，如图5-58所示。进入▣（多边形）层级，选择长方体拉伸出的面，执行"倒角命令"挤压出石墩的二级多边形结构，注意挤出多边形的厚度的变化，如图5-59所示。

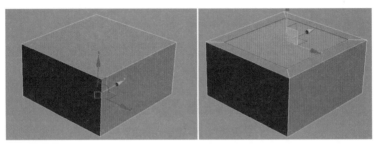

图5-58　石墩模型大体制作

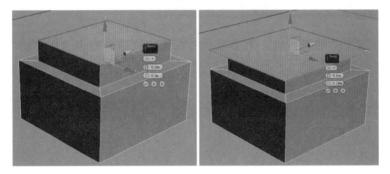

图5-59　挤出石墩二级结构的造型

（3）进入▣（面）层级，选择石墩挤压出的面，执行"挤压"命令，拉伸出石墩上面的形体结构。执行右键菜单中的"切角"命令下的前方▣按钮，在弹出的"切角"对话框中设置切角参数，为模型添加倒角效果。选择石墩各个转折部分的边线，执行右键菜单中的"切角"命令添加倒角效果。运用"剪切"命令对石墩转折部分的破损结构进行刻画，并参照原画造型设计进行微调，如图5-60所示。

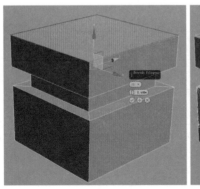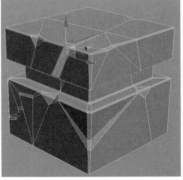

图5-60　石墩模型倒角及破损结构制作

（4）制作石墩上面的尖角模型结构。单击 ✛（创建）面板下 ◯（几何体）中的"长方体"按钮，在透视图中创建一个长方体。在 ◢（修改）面板中将模型的长、宽和高的值分别设置为0.4、0.3、1.5，将长、宽和高分段数分别设置为3、3、6。接着把长方体转为可编辑多边形，同时给长方体基础模型添加FFD晶格变形器，进入到晶格点比编辑状态，如图5-61所示。最后进入 ⚫（控制点）层级，选择长方体晶格上面的所有点，单击 ▦（缩放）工具，对上面的面点进行压缩，并对中部的点进行调整，制作出尖角的倒角效果，如图5-62所示。

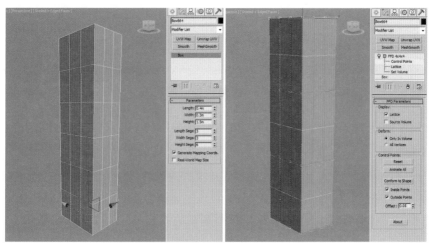

图5-61　尖角基础模型制作设置

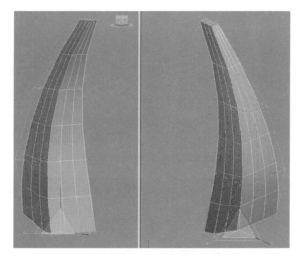

图5-62　尖角大体模型结构制作

（5）给调整好造型的尖角添加"Meshsmooth"命令。按下shift键，使用 ✛（选择并移动）工具拖动尖角的模型，在石墩的四个角落复制出复制3个尖角，然后参照原画，使用 ↻（选择并旋转）和 ▦（选择并均匀缩放）工具调整其角度和大小，再使用 ✛（选择并移动）工具将尖角调整到不同的位置，效果如图5-63所示。

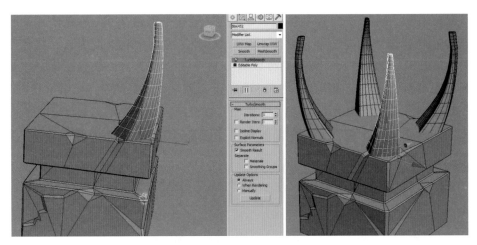

图5-63　尖角模型阶段定位

（6）在地面创建奠基石的模型结构。在地面单击 面板下的 按钮创建长方体模型。设置长方体模型的长宽高及分段数的参数。进入 层级模式，在下拉菜单选择软选择按钮。使用 工具调整奠基石顶部的位置和大小，如图5-64所示。给奠基石添加FFD变形器，进入 层级，选择平面奠基石侧面的边，使用 工具拖动、调整出奠基石不规则的结构造型，如图5-65所示。

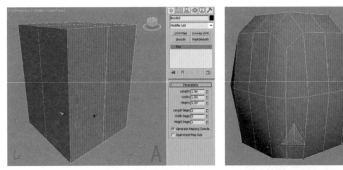
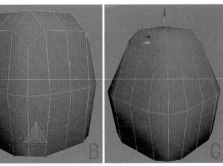

图5-64　奠基石大体结构制作

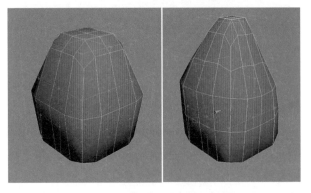

图5-65　奠基石FFD晶格点调整

（7）进入◁（边）层级模式，选择奠基石所有的边，在下拉菜单中选择"倒角"命令，给边线添加模型结构细节。结合木架蓬的结构组合给奠基石制作装饰物件。在奠基石中间创建二维曲线。将曲线缠绕在奠基石中间位置，并调整为可渲染模式。然后依附曲线模型制作装饰物件的结构，注意处理好装饰物件与曲线结构点的位置，直到匹配为止，如图5-66所示。

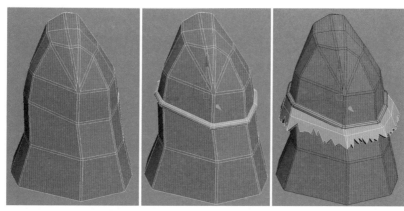

图5-66　奠基石装饰物件模型制作

（8）制作木排的模型结构。在地面处单击█（创建）面板下的◎（几何体）按钮，创建圆柱体模型。在前视图创建圆柱体作为木柱侧面的结构，调整圆柱体长宽高及分段数的参数。给圆柱体添加FFD晶格变形器进行大体结构的调整，进入█（顶点）层级模式，对中间部分的线段进行编辑，如图5-67所示。

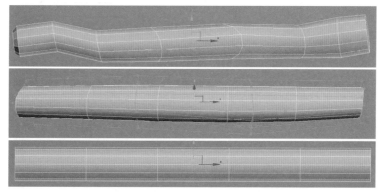

图5-67　木柱的大体造型编辑效果

（9）复制前面制作的木柱到对面的位置，根据木柱的结构进行木块模型的制作。创建长方体基础模型，调整长宽高的比例关系，按住Shift键向左拖动进行复制，得到整体的木排形体造型，如图5-68所示。接着进入◁（边）层级模式，运用剪切工具对中间的木块进行破损结构的刻画，注意不同木块的破损结构造型变化，处理好木块与木柱的衔接关系，如图5-69所示。根据原画设计在木排的中间部位制作搭在木排上的帆布的模型结构。运用平面模型得到帆布破损结构造型，如图5-70所示。

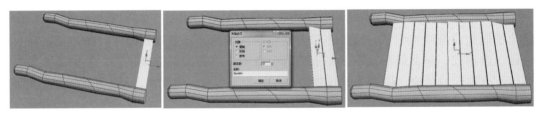

图5-68　木排模型整体制作

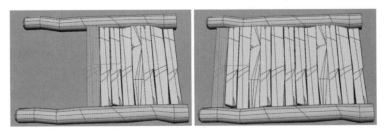

图5-69　木排破损结构刻画

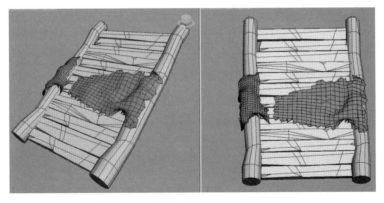

图5-70　帆布破损结构模型制作

（10）对晾衣架和布纹的基础模型结构进行制作。制作思路可结合前面模型的制作方法。晾衣架和布纹的基础模型如图5-71所示。

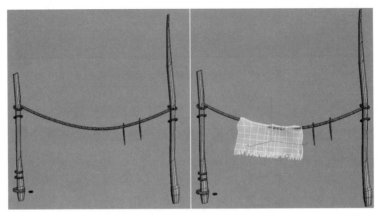

图5-71　晾衣架和布纹的基础模型

（11）制作栅栏木屋的模型结构。单击 ✲（创建）面板下的 ◎（几何体）中的"（Cylinder）圆柱体"按钮创建一个圆柱体，并将其命名为"木桩"，设置圆柱体的长宽高及分段数参数，同时给圆柱体添加FFD变形器以便后续对圆柱体进行模型结构的调整，如图5-72所示。将圆柱体转换为可编辑的多边形，进入 Control Points 控制点模式。使用 ▣（选择并缩放）工具调整圆柱体晶格体上下结构的造型。结合前面制作破损的方法对圆柱体转折的部分进行破损刻画，按下shift键，使用 ✛（选择并移动）工具拖动复制出6个木桩模型，对每个木桩的形体结构上做适当调整，如图5-73所示。

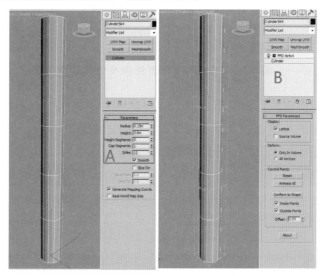

图5-72　木桩大体结构造型制作

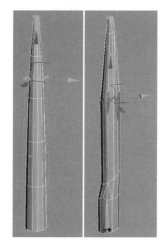

图5-73　木桩整体模型结构调整

（12）复制木桩的模型，运用移动及旋转工具对木桩的结构造型及位置摆放进行合理的调整。执行菜单中的"Group"组中的"成组"命令，对制作完成的木块进行整体打组，如图5-74所示。

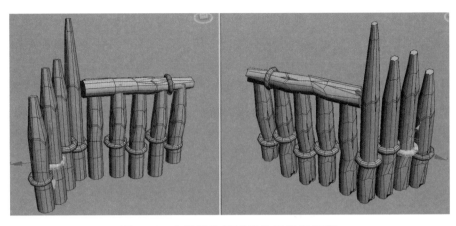

图5-74　木桩整体模型结构及位置调整

（13）对木屋支架的模型结构进行制作。在整体木桩的周围创建圆柱体模型，运用前面的制作思路对圆柱体进行模型结构的编辑。选择完成的支架模型，执行菜单中的"组|成组"命令，将木块支架整体打组。然后使用移动及旋转工具对木块的模型结构进行位置的调整及组合，如图5-75所示。

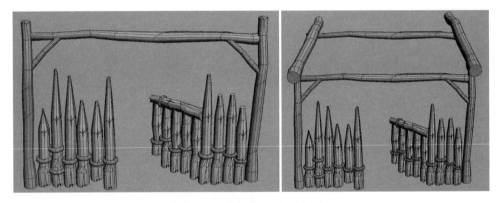

图5-75　支架模型结构制作

（14）对木屋顶部的木块按照前面制作的流程进行形体造型的制作。注意在制作木块时只需制作出其中的一块即可，然后结合支架整体造型移动复制木块到合适的位置，要注意各个木块之间造型的变化，如图5-76所示。结合前面制作帆布模型的思路，对木屋顶部帆布模型进行模型结构的定位，如图5-77所示。

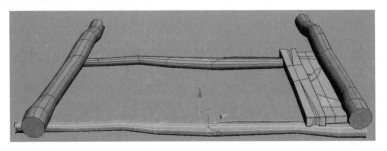

图5-76 顶部木块结构造型制作

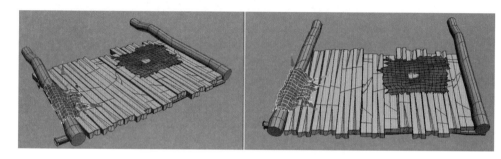

图5-77 木屋顶部帆布模型结构制作

（15）对城墙侧面的装饰物件——横插在墙体里面的木柱及覆盖在上面的布料进行制作。单击 面板下 中的"圆柱体"按钮，在透视图中创建一个圆柱，并将其复制调整到城墙侧面的位置。然后在上面创建布料的大体模型，同时进行模型的细分，如图5-78所示。

图5-78 墙体侧面装饰物模型制作

（16）制作战车的模型。创建长方体模型作为战车横梁的基础模型。设置长方体的长宽高及分段数的参数，将长方体转换为可编辑的多边形物体。进入 层级模式，对长方体的点进行结构调整，如图5-79所示。进入 层级，选择长方体横向的边，在下拉菜单选择"Extrude"（挤压）按钮，逐步拉伸出横梁转折部分的模型结构，如图5-80所示。选择侧面的边，执行右键菜单中的"切角"命令，对横梁的边进行倒角制作，同时将其复制移动到合适的位置，如图5-81所示。

图5-79　横梁基础模型制作

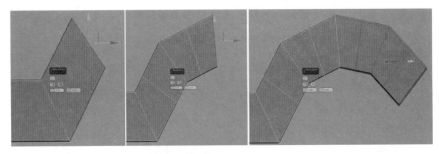

图5-80　横梁弯曲结构造型制作

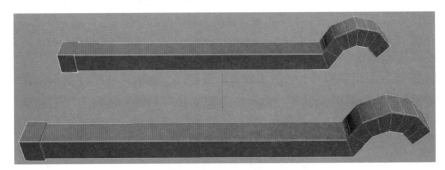

图5-81　复制横梁模型结构造型

（17）制作战车横梁中间木块的模型。单击 ⊞（创建）面板下的 ◎（几何体）中的"Box"按钮，在透视图中创建长方体。然后在 ☑（修改）面板中设置模型的长宽高及分段数参数，接着使用 ⊞（选择并移动）工具调整长方体的位置，并将其转换为可编辑的多边形。运用剪切工具制作木块的破损结构，运用移动复制的方法进行木块的复制，如图5-82所示。按照同样的方法沿着横梁的结构复制木块，并对各个木块进行模型结构的调整，如图5-83所示。

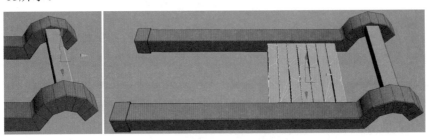

图5-82　横梁中间木块模型结构的制作

图5-83　横梁中间木块的整体造型

（18）制作车轮的模型结构。此部分可复制调用前面墙体装饰物件——车轮的模型，然后使用 ⊞（选择并移动）工具将其调整到合适的位置。按住Shift键将车轮复制到战车的另一边，并进行位置的匹配，如图5-84所示。结合前面制作柱体的思路，对战车主体木架结构进行细节模型的制作。进入 ◁（边）层级对木架的造型进行刻画，要特别注意处理好主体木架破损部分结构造型的变化，如图5-85所示。

图5-84　车轮模型位置匹配

图5-85　主体木架结构造型制作

（19）制作战车两侧的木块结构造型。选择前面制作的木块模型，按住Shift键使用 ⊞（选择并移动）工具将木块模型复制，运用 ◯（选择并旋转）工具对木块模型进行一定角度的旋转和位置的匹配。使用 ▣（选择并均匀缩放）工具复制调整模型的结构造型，同时对两边模型进行复制对位，如图5-86所示。选择其中一面的木块模型进行打组，使用同样的方法完成背面木块模型结构的制作，如图5-87所示。

图5-86 战车两侧模型制作

图5-87 战车背面木块模型调整

（20）在完成一层地面装饰物件的模型制作后，接下来对二层城堡装饰物件的模型进行制作。根据原画设计对木架蓬上面的帆布进行基础模型的制作，注意结构线的合理布局，如图5-88所示。第一层与第二层木架蓬模型大体结构比较接近，在木架底部有木栅栏与木柱相连接，因此可以复制前面的木块，使用 ✛ （选择并移动）工具、 ↻ （选择并旋转）工具和 ▣ （选择并均匀缩放）工具调整木栅栏的位置、角度和大小，如图5-89所示。

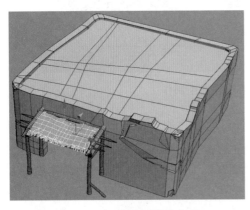

图5-88 帆布模型结构制作　　　　图5-89 木栅栏模型制作

（21）对二层木架蓬的下面帆布模型进行制作。将前面制作好的帆布模型进行复制，使用⊕（选择并移动）工具、⟳（选择并旋转）工具和⊡（选择并均匀缩放）工具将其调整到木架蓬下面的位置，如图5-90所示。

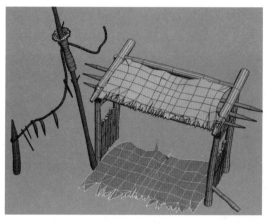

图5-90　木架蓬底部帆布模型制作

（22）对二层地面的木架结构进行大体模型的制作。选择前面制作的木块模型使用⊕（选择并移动）工具和⟳（选择并旋转）工具在视图中将其调整到合适的位置和角度，如图5-91所示。同理，为二层地面装饰物件各个组成部分的模型进行准确的定位，如图5-92所示。

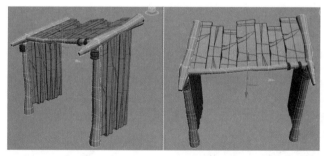

图5-91　二层木架结构模型制作

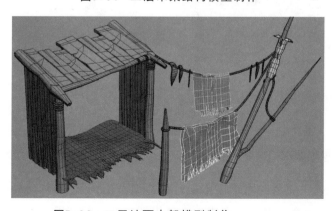

图5-92　二层地面木架模型制作

第5章　室外场景制作——塞外城堡

（23）对城堡顶部小木屋的模型结构进行制作。创建圆柱体模型，将其转换为可编辑的多边形，制作出木屋的四根柱子，调整柱子的大体结构造型及位置，如图5-93所示。根据小木屋的整体框架结构，复制创建的柱子模型，使用 ✛ （选择并移动）工具将柱子移动到顶部合适的位置，再使用 ⟳ （选择并旋转）工具调整柱子的角度，使用 ⊡ （选择并均匀缩放）工具调整柱子的大小及长度，逐步完成顶部柱体模型结构的制作，如图5-94所示。

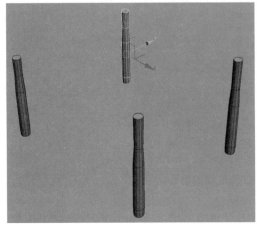

图5-93　小木屋的柱子模型制作

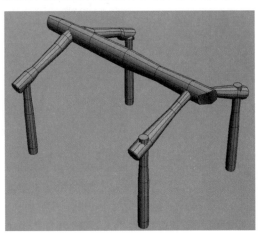

图5-94　小木屋柱体架构模型制作

（24）对小木屋顶部及侧面的木块模型结构进行制作。选择顶部侧面的木柱模型，按住Shift键使用 ✛ （选择并移动）工具沿着木屋框架结构进行多次复制，调整复制模型的位置并进行打组，然后运用镜像工具对后面的模型进行复制，如图5-95所示。按照同样的制作思路完成小木屋侧面木块墙体的模型制作，注意木块之间的形体变化，如图5-96所示。

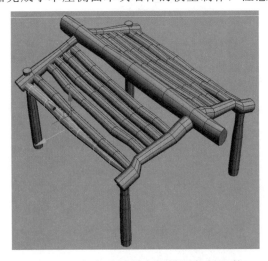

图5-95　小木屋顶部木架模型复制调整

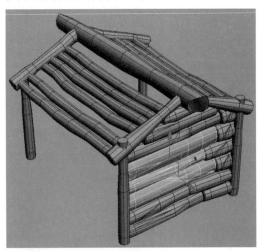

图5-96　小木屋侧面木块结构调整

（25）同上，制作出完整的小木屋木架结构造型，特别是处理好门帘部分的木架造型。行菜单中的"成组"命令，将制作完成的木架模型整体进行打组，如图5-97所示。

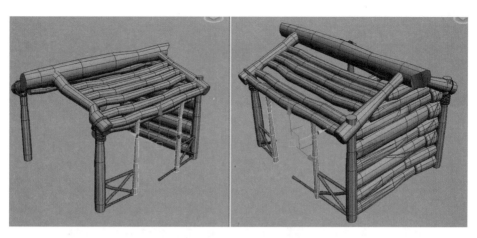

图5-97　木架造型制作及打组

提示：由于木架模型的数量较多，因此根据制作木屋的主次顺序，可先制作出木屋的基本造型和结构，然后再将其他物件依附在木架结构上。

（26）制作屋顶帆布的模型。进入前视图，选择一层城门前木架蓬的帆布模型，使用 <kbd>📥</kbd>（选择并移动）工具将其移动到木屋顶部合适的位置，再使用 <kbd>🔄</kbd>（选择并旋转）工具调整帆布的角度，使用 <kbd>📐</kbd>（选择并均匀缩放）工具调整帆布的长宽比，如图5-98所示。

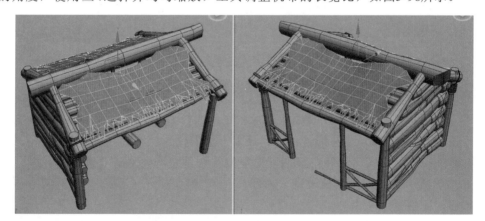

图5-98　木屋顶部帆布模型制作效果

（27）制作小木屋门帘的结构造型。进入创建面板单击"Plane"按钮，在木屋前面拉出一个平面模型作为门帘的基础模型。调整平面模型的长宽比及分段数，并将其转换为可编辑的多边形物体。执行下拉菜单中的"FFD"变形器命令，进入控制点模式，对晶格点运用移动键进行模型结构的编辑，如图5-99所示。进入 <kbd>◁</kbd>（边）层级模式，然后运用剪切工具对平面模型进行结构的刻画，同时运用软选择工具对门帘的大体模型从不同的角度进行调整。对制作好的模型进行复制，对复制的模型进行结构的调整从而制作出不同的造型，如图5-100所示。

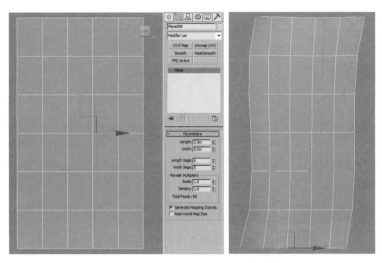

图5-99　门帘基础模型结构制作

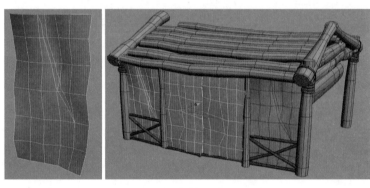

图5-100　门帘模型整体制作

（28）对木屋周边的装饰物件的模型进行制作。选择二层的石块及木杆模型对其进行复制，运用 工具将其移动到顶部合适的位置，再使用 工具调整石块的角度及位置变化，并在模型下面复制一块铺垫布，对铺垫布进行位置的合理安排，如图5-101所示。结合原画的设计，对小木屋周边的物件模型进一步进行完善，特别是对散落在周边的木块、罐子等物件进行位置坐标的合理安排，如图5-102所示。

图5-101　小木屋周边物件模型的制作

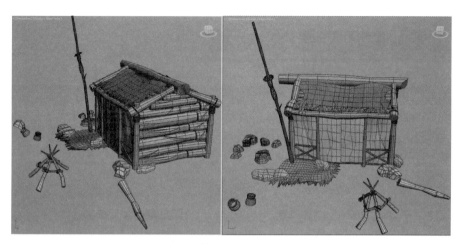

图5-102　小木屋周边物件模型的制作

（29）显示所有塞外城堡的模型结构，运用 ⊕（选择并移动）及 ○（选择并旋转）工具对城堡一层、二层主体及装饰物件的模型结构进行细节的调整，特别是对一些重复、多余的模型要删除。根据原画要求对模型的比例结构进行准确定位，如图5-103所示。给制作完成的城堡模型指定一个默认材质，设置环境明度的变化，得到合理的明暗关系及形体结构完整的城堡模型，效果如图5-104所示。

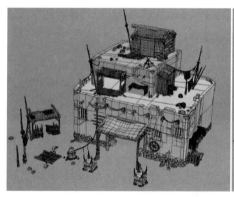
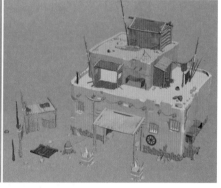

图5-103　城堡整体模型结构细节调整

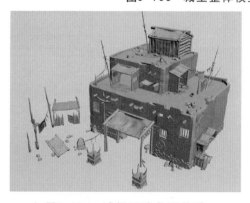

提示：在模型整体制作过程中，对出现的一些操作失误的模型及多余的模型要及时进行清理，以便后期对模型进行优化。同时要还注意把握好整体模型的透视关系、主次关系。

图5-104　城堡明暗色调关系

5.4 创建灯光和摄像机

（1）创建光源。单击（创建）面板下（灯光）中的"目标平行光"按钮，在视图中创建一个主光源，然后使用（选择并移动）工具调整灯光的位置和角度，再使灯光照亮城堡的整体模型，主光源参数设置如图5-105所示。

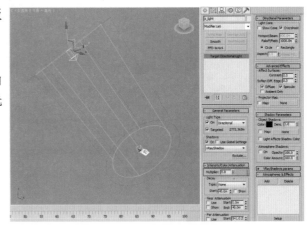

图5-105 创建平行光作为主光源

图5-106 环境和效果对话框

（2）设置环境颜色。执行菜单中的"渲染|环境"命令，弹出的"环境和效果"对话框中，单击"环境光"色块，如图5-106所示。然后在弹出的"色彩选择器：环境光"面板中设置颜色值，如图5-107所示，以便更好地表现出场景光照的明暗层次。

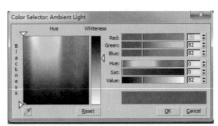

图5-107 环境和效果对话框

（3）为场景制作辅助光源。单击（创建）面板下（灯光）中的"点光源"按钮，在视图中创建一个点光源，然后使用（选择并移动）工具调整灯光的位置和角度，使灯光照亮城墙的整体模型，如图5-108所示。

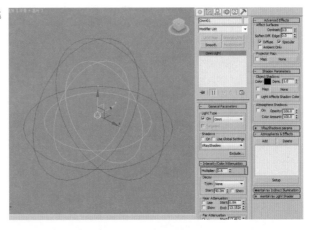

图5-108 调整点光源基础参数

（4）根据原画设计的光源关系，再结合城堡模型的整体布局，在场景各个不同的位置复制点光源并进行位置的调整。注意对点光源亮部和暗部光源色彩及光照强度的数值通过渲染及时调整，如图5-109所示。

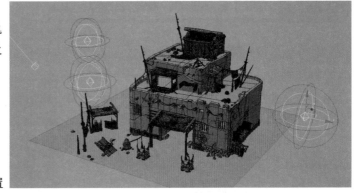

图5-109　调整环境辅光点光源设置

（5）创建摄像机。单击 （创建）面板下 （摄像机）中的"目标"按钮，在视图中创建一个目标摄像机，然后使用 （选择并移动）工具调整摄像机的位置和角度，如图5-110所示。按C键，将场景切换到摄像机视图观察效果，如图5-111所示。

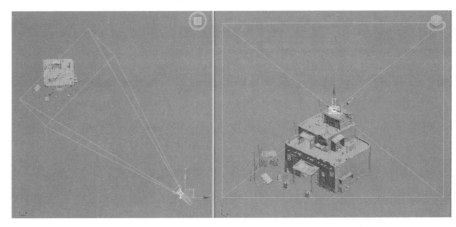

图5-110　创建并设置目标摄像机

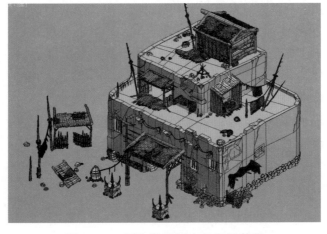

图5-111　摄像机视图中的场景效果

5.5 制作塞外城堡贴图

塞外城堡属于高精度模型，细节清晰，因此在Photoshop CS6中制作出城堡不同组成部分的材质贴图后，需要把贴图赋予给模型，再为模型指定相应的"UVW贴图"修改器，然后根据模型表面的贴图显示效果来调整贴图坐标，使贴图最终能够正确显示。

在制作模型贴图前，需要搜集和整理适合的材质纹理。本例制作所需的场景贴图文件如图5-112所示，存放于"配套光盘\贴图\第5章室外场景制作——塞外城堡"目录下。

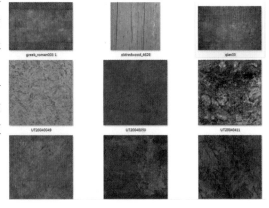

图5-112 贴图纹理素材

5.5.1 制作塞外城堡主体建筑贴图

（1）制作城墙的贴图。选择一层城墙的整体模型，执行右键菜单中的"孤立当前选择"命令，将其他模型隐藏，给城墙模型指定一个UVW坐标，如图5-113所示。在下拉菜单中将贴图方式设置为"Box"，同时给城墙指定一个棋盘格纹理检测UVW的分布效果，如图5-114所示。然后按下M键打开材质编辑器，选择一个空白的材质球，并将材质命名为"墙体"。接着单击材质窗口右侧的方框，进入材质球混合模式，将其设置为"Blend"，如图5-115所示。分别为"Blend"材质球的各个通道指定不同的纹理，如图5-116所示。在弹出的"材质/贴图浏览器"对话框中双击"位图"按钮，如图5-117所示。在弹出的"选择位图图像文件"对话框中选择"配套光盘\贴图\第5章室外场景制作——塞外城堡\地面.tga"文件，再单击"打开"按钮，从而将贴图指定给广场地面的材质球。

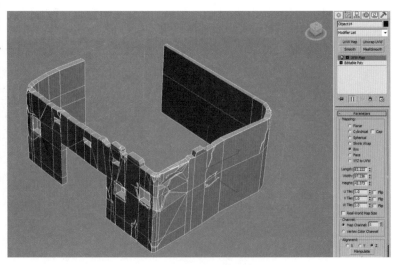

图5-113 城墙UVW坐标指定

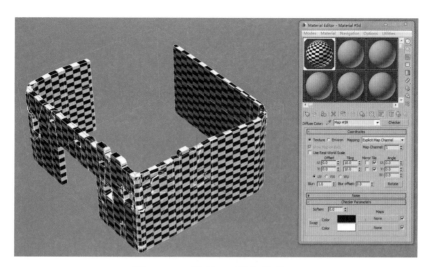

图5-114　设置UVW棋盘格纹理

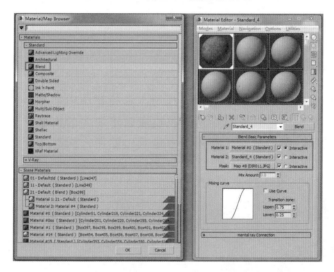

图5-115　设置"Blend"材质球

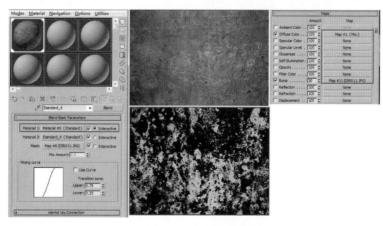

图5-116　为地面模型指定材质

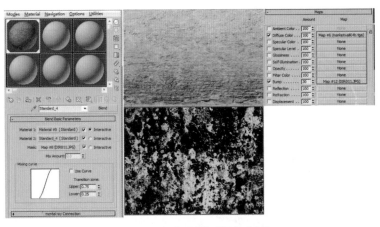

图5-117　为地面模型指定材质

> 提示：反复尝试应用不同的材质球，对材质球的混合参数进行细节调整，能得到很多意想不到的材料质感效果，特别是应用不同的纹理结合灯光渲染进行参数的微调，往往能得到很多奇妙的表现。

（2）将设置好的材质球纹理赋予给墙面模型。选择视图中的城堡模型，单击材质编辑器中的 （将材质指定给选定对象）按钮，将材质赋予墙面的模型。然后单击材质编辑器中的 （在视口中显示贴图）按钮，在视图中显示出贴图，同时结合灯光渲染调整材质的变化，如图5-118所示。

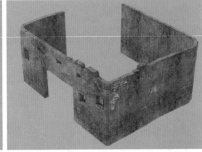

图5-118　墙面材质显示贴图及渲染效果

> 提示：城堡场景中的结构和物件模型比较多，因此在后续指定材质的时候需要为不同物件模型进行命名，以便区别和管理。

（3）为城墙顶部的地面指定坐标及材质纹理。选择地面模型添加"UVW贴图"修改器，再选择"Box"贴图方式，接着激活"UVW贴图"修改器的Gizmo线框，再通过 （选择并移动）工具、 （选择并旋转）工具和 （选择并均匀缩放）工具控制Gizmo线框，从而达到调整地面贴图的位置、角度和大小的结果，如图5-119所示。

图5-119　地面UVW调整贴图的显示精度

（4）结合前面制作城墙材质纹理的方法完成地面材质的指定。因地面与城墙的材质在属性上基本一致，因此可将城堡的材质纹理指定给地面，如图5-120所示。但又因地面与城墙侧面的纹理材质结构有所区分，因此需要对材质球第二的"Diffuse"通道的纹理进行替换，如图5-121所示，以便得到不同的材质效果，如图5-122所示。

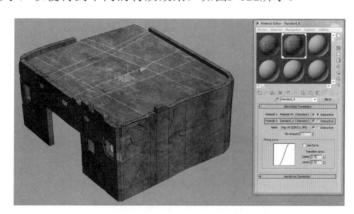

图5-120　地面材质球"Blend"混合材质指定

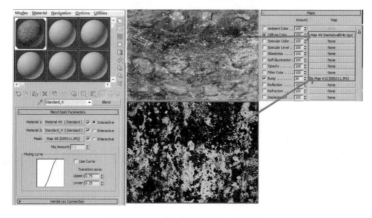

图5-121　混合通道纹理设置

243

图5-122　地面及墙体整体渲染效果

（5）对城墙上面嵌入的木桩纹理材质进行指定。给木桩指定一个UVW坐标，在下拉菜单中设置贴图模式为"Box"，同时指定棋盘格纹理检测UV布局的合理性，如图5-123所示。选择一张木纹纹理，调整通道的基础色彩，再通过调整"UVW贴图"坐标，达到准确显示贴图的目的，效果如图5-124所示。用同样的思路给缠绕在木桩上面的绳子也从材质库选择一个纹理进行指定，通过UVW的匹配进行纹理的匹配，如图5-125所示。

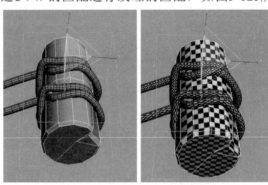

图5-123　木桩UVW坐标指定效果

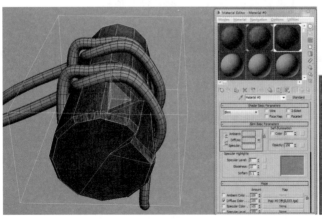

图5-124　木桩的贴图制作

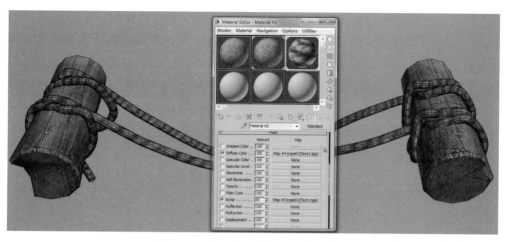

图5-125　绳子及木桩材质纹理效果

（6）结合一层城墙材质纹理的制作流程，对二层模型进行UVW的指定，通过棋盘格检测纹理分配的合理性，如图5-126所示。选择一层编辑好的材质球进行复制，并将其指定给二层城墙模型，同时结合灯光渲染进行材质球参数的微调，得到比较明确的材质效果，如图5-127所示。

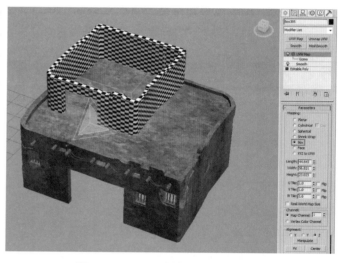

图5-126　二层城墙UVW设置及调整

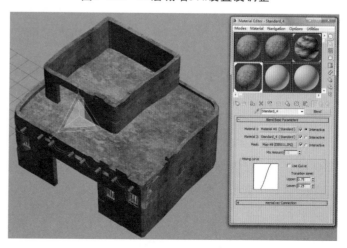

图5-127　二层城墙纹理材质效果

第5章　室外场景制作——塞外城堡

245

（7）在完成城墙主体部分的纹理材质后，对城墙破损部分的纹理材质进行制作。从材质库选择一张不同纹理的贴图进行指定，同时结合UVW继续调整观察破损纹理结构的匹配程序，注意不同部分UVW结构因调整而产生的材质差异，如图5-128所示。

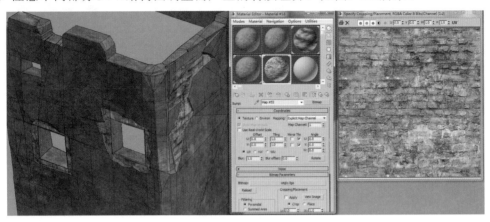

图5-128　破损纹理材质的调整效果

5.5.2　制作塞外城堡附属建筑贴图

城堡附属建筑贴图的制作步骤如下。

（1）选择城堡正面木架蓬的木柱模型，执行右键菜单中模型隐藏的命令，将木架之外的模型隐藏。逐步选择木架的各个组成模型分别进行UVW的指定，同时通过棋盘格检查纹理的合理性，如图5-129所示。然后分别给木架蓬其他部分的模型指定UVW坐标，并进行统一调整。注意对模型的长宽比进行UV的适配，如图5-130所示。

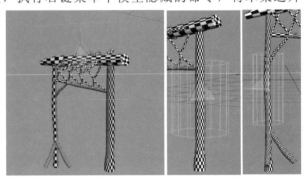

图5-129　为木架指定材质贴图

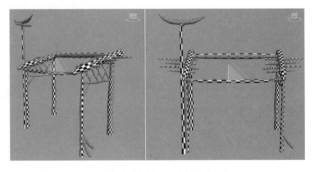

图5-130　木架整体UVW编辑效果

（2）从光盘选择一张木纹纹理，将其指定给木架整体模型。在视图中观察会发现木柱贴图有一些有明显的拉伸，这是UV坐标方向错误或适配不合理导致的，需要进行适当调整。针对每一个木柱模型，激活"UVW贴图"修改器的Gizmo线框，使其变成黄色。通过 ⊕（选择并移动）工具、⟳（选择并旋转）工具和 ▣（选择并均匀缩放）工具控制Gizmo线框的位置、角度和大小，从而可将木柱贴图显示的错误修正过来，效果如图5-131所示。

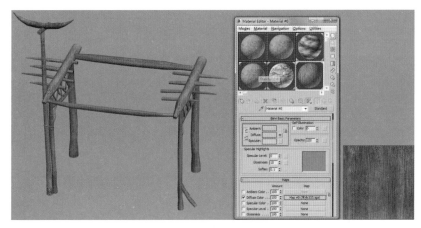

图5-131　木架贴图纹理调整效果

（3）对木架的顶部的帆布模型的UVW坐标进行指定并调整UV的分布适配，如图5-132所示。从材质库选择一张合适的图案指定给材质通道，再使用"UVW贴图"调整材质贴图的显示精度和位置，效果如图5-133所示。

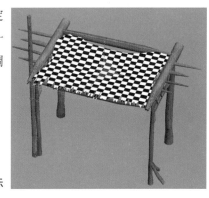

图5-132　调整帆布UVW的坐标

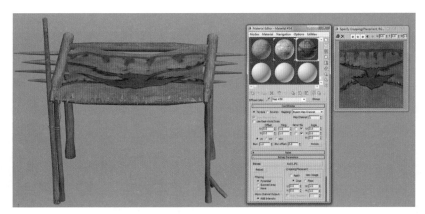

图5-133　指定帆布纹理的贴图

第5章　室外场景制作——塞外城堡

247

（4）给城墙下面的石块进行UVW的展开及材质的指定。原画材质主要由石块纹理组合而成，因此要对编辑的石块进行分组。方法：选择其中一类石块分别指定UVW坐标及编辑，指定棋盘格纹理检测纹理排布的合理性，如图5-134所示。对该类后的石块逐一进行UVW编辑及调整，如图5-135所示。按照同样的思路完成另一类石块UVW坐标及UVW的编辑，然后根据模型的结构调整UV的排列。

图5-134　石块UVW坐标指定

图5-135　分类石块整体UVW编辑效果

（5）给石块指定材质纹理。从材质库选择两张比较破旧的石块纹理，适度调整材质的明度、纯度、饱和度，选择两个材质球分别指定不同类型的石块纹理，如图5-136所示。在"Diffuse"及"Bump"通道分别指定纹理给不同类型的石块，得到符合制作需求的石块材质效果，如图5-137所示。

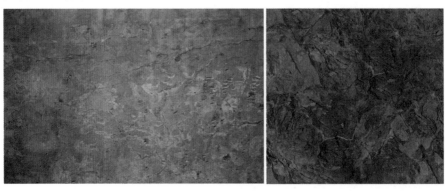

图5-136　石块材质纹理

图5-137　石块纹理材质效果

（6）按照前面指定UVW坐标的思路，分别给石墩和尖角指定UVW坐标，在下拉菜单中选择"Box"贴图模式。进入"Gizmo"状态运用 🖳 工具对坐标位置及轴向进行调整，通过棋盘格纹理观察纹理的适配度，如图5-138所示。从材质库选择一张金属纹理和一张石材纹理分别作为石墩和尖角的基础纹理，如图5-139所示。

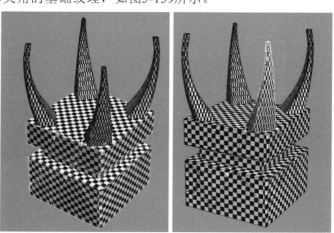

图5-138　石墩整体UVW坐指定及调整

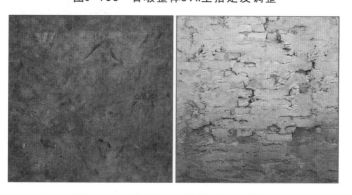

图5-139　金属及石材基础纹理效果

（7）对石墩和尖角的模型进行材质的指定。结合灯光渲染对金属及石材的纹理进行色彩明度、纯度、饱和度的调整。对UVW坐标"Gizmo"进行移动、缩放等编辑以达到最佳的像素应用，如图5-140所示。

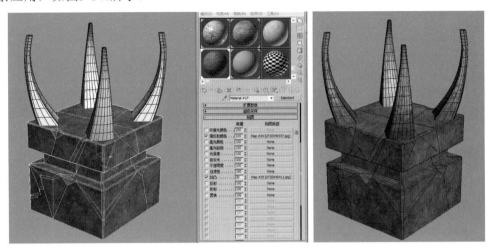

图5-140　石墩及尖角整体材质质感效果

（8）对奠基石的模型结合前面物件的UVW指定坐标的展开及编辑思路，在下拉菜单中选择"Box"贴图模式。然后逐步对奠基石上的装饰物件的UVW进行展开。进入"Gizmo"状态，结合棋盘格纹理对UV进行整体调整，如图5-141所示。

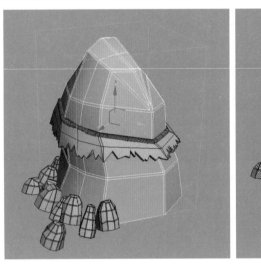

图5-141　奠基石UVW指定及编辑效果

9）从材质库选择两张贴图纹理：一张布料纹理，一张石块纹理。注意运用PS的编辑技巧对两张纹理的色彩明度、纯度、饱和度进行细节的调整，如图5-142所示。分别给布料及奠基石指定纹理材质，对材质球的参数结合场景灯光的渲染进行细节的调整，特别是调整"Diffuse"和"Bump"参数对奠基石整体效果的影响，如图5-143所示。

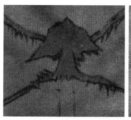

图5-142　布料及石块纹理贴图效果

图5-143　奠基石整体材质调整效果

（10）对木排的整体UVW进行坐标的指定。注意不同部位的模型结构，在指定坐标的时候要结合模型的结构对"Gizmo"进行拉伸矫正，然后通过棋盘格的分布来检测校正效果，如图5-144所示。

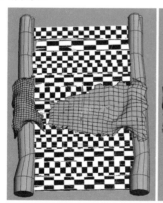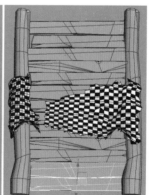

图5-144　木排UVW指定及编辑

（11）从材质库中选择一张木质纹理，调整木纹的色彩纯度、明度、饱和度，然后将其指定给木排的模型。结合灯光渲染对木质纹理进行破损处理，如图5-145所示。按照同样的制作思路，给木排上面的布料模型指定一张纹理，然后结合灯光渲染调整布纹的色彩纯度、明度、饱和度，如图5-146所示。

图5-145　木排木纹材质效果

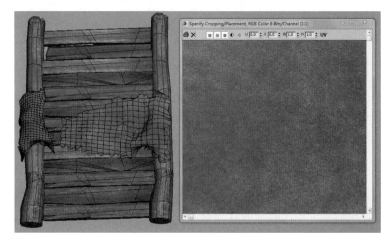

图5-146　布料纹理及材质效果

（12）结合地面装饰纹理的整体效果，对晾衣架的模型进行UV的指定及编辑。选择制作好的木纹和布纹对晾衣架进行材质的指定，如图5-147所示。

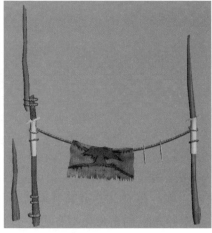

图5-147　晾衣架UVW编辑及材质效果

（13）给木栅栏的整体模型进行UVW的编辑及材质纹理的指定。根据模型的整体结构，分别给木栅栏的木柱、木块及布料的模型指定UVW坐标，如图5-148～图5-150所示。最后通过棋盘格纹理检测每个模型与UV之间匹配的合理性。

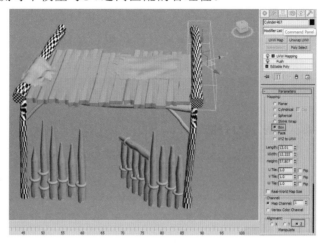

图5-148　栅栏木柱坐标指定

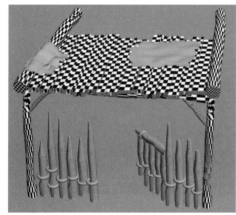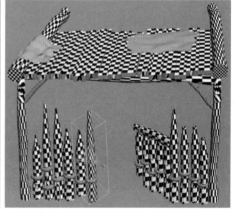

图5-149　顶部木块及栅栏组合UVW编辑

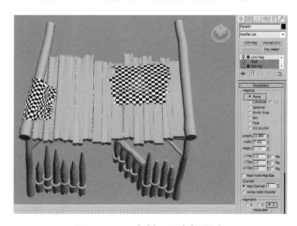

图5-150　布料UVW坐标指定

（14）在完成木栅栏整体UVW编辑调整后，接下来对栅栏各个部分模型进行材质纹理的指定。选择栅栏木柱的主体模型，指定一个默认材质球，在"Diffuse"及"Bump"通道分别从材质库选择一张木质纹理和杂点纹理，调整木纹及杂点纹理色彩的明度、纯度、饱和度，如图5-151所示。然后将木纹指定给栅栏主体模型，将杂点纹理指定给栅栏上的凹凸点模型，如图5-152所示。按照同样的制作思路对栅栏组合体的木质纹理进行指定，效果如图5-153所示。

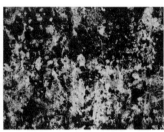

图5-151 "Diffuse"通道的木纹及"Bump"通道的杂点纹理

图5-152 木架主体及凹凸点的纹理效果

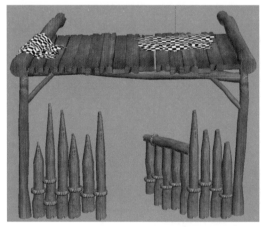

图5-153 栅栏组合体材质效果

（15）根据前面木架蓬布纹的UVW编辑及材质制作思路，对栅栏顶部的布料进行材质的制作，注意为使木架上的蓬布纹理与其他部分的布料纹理有所区别，可结合灯光渲染进行调整，如图5-154所示。

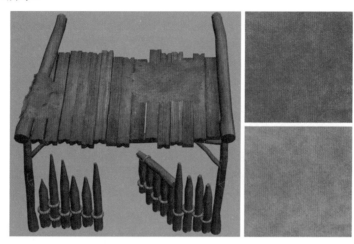

图5-154　栅栏蓬布纹理效果

（16）对城墙侧面的装饰物件进行UVW的展开及编辑，材质纹理采用前面制作的木柱和布料的材质，注意结合UVW编辑对材质的细节进行调整。木块及布料组合纹理效果如图5-155所示。

图5-155　城墙侧面物件材质纹理整合效果

（17）对场景重点装饰物件——战车进行UVW编辑及制作。选择战车两侧的横梁模型，指定UVW展开坐标，在下拉菜单中选择"Box"选项，进入"Gizmo"状态调整大小。然后从前面制作的纹理贴图中选择一张木质纹理指定给模型，效果如图5-156所示。

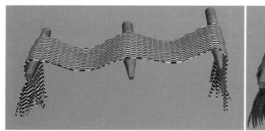
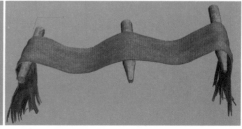

图5-156　战车横梁质纹理效果

（18）选择横梁中间的木块模型。分别对每块木块展开UVW坐标，同时进行位置及大小的适配，通过棋盘格纹理检测UVW分布是否合理，如图5-157所示。将处理好的木质纹理指定给木块模型。结合灯光渲染进行材质纹理细节的调整，如图5-158所示。

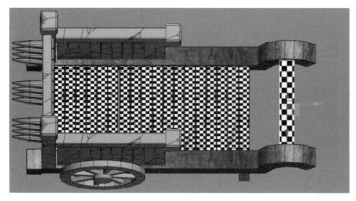

图5-157　木块UVW设置及木纹纹理选择

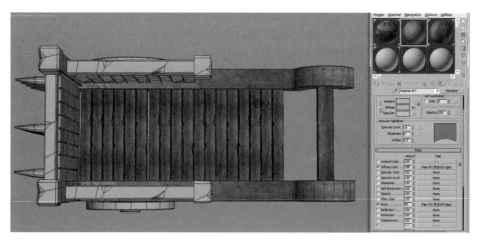

图5-158　木块纹理效果

（19）对战车两侧的木块模型进行纹理贴图指定。为了避免木纹重复出现，可以通过调整UVW中"Gizmo"状态对各木块的纹理进行调整，得到不同的纹理变化，如图5-159所示。

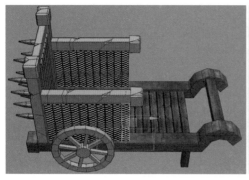

图5-159　战车两侧木质纹理效果

（20）对战车主体支架的结构模型进行UVW坐标编辑，注意根据每个构成模型指定UVW坐标，进入"Gizmo"状态，调整支架的模型使其与战车的整体模型造型保持一致。通过棋盘格纹理检测纹理的适配度，如图5-160所示。选择横梁的木质纹理，将其指定给支架模型。根据支架木块模型的结构造型适当调整UVW坐标的位置，得到不同的纹理效果，如图5-161所示。

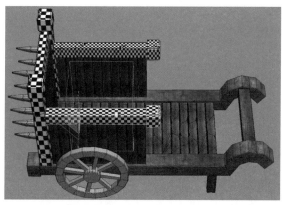

图5-160　战车支架模型UVW坐标编辑

图5-161　战车支架木质纹理效果

（21）根据模型的结构对车轮的UVW进行坐标编辑。将前面制作好的木质纹理分别指定给不同部分的车轮模型，调整"Gizmo"状态适配模型UV，得到车轮的材质效果。注意结合灯光渲染的效果调整车轮色彩的明度、纯度、饱和度，如图5-162所示。

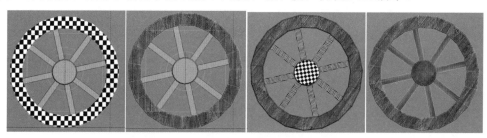

图5-162　车轮UVW编辑及木质纹理效果

（22）制作战车后面的尖角的模型。选择其中一个模型进行UVW坐标编辑，然后将其复制到合适的位置，从材质库中选择一张石质纹理作为尖角的基础纹理，如图5-163所示。将石质纹理指定给尖角模型。结合灯光渲染进行材质的细节调整，同时结合战车整体材质效果进行色彩明度、纯度、饱和度调整，如图5-164所示。

图5-163 尖角UVW编辑及材质纹理效果

图5-164 战车整体材质纹理效果

（23）对城堡二层城墙前面的木架蓬的模型进行UVW坐标的编辑。选择木架蓬柱体模型，指定方形UVW坐标，根据模型的结构对柱体进行调整。从材质库选择一张处理好的木质纹理，将其指定给柱体模型，如图5-165所示。按照同样的思路对木架侧面的木块进行UVW的编辑，并结合棋盘格纹理进行合理的适配，将木质纹理指定给侧面木块模型。结合灯光渲染对纹理色彩的明度、纯度、饱和度进行调整，如图5-166所示。

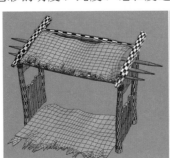

图5-165 柱体木质纹理效果

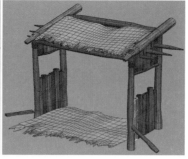

图5-166　柱体侧面木块的木质纹理效果

（24）对二层木架蓬顶部及地面的布料模型进行UVW的编辑。进入"Gizmo"编辑状态，结合棋盘格纹理进行UVW的排列。从材质库中选择不同的纹理分别指定给顶部布料及地面布料的模型。结合UVW编辑技巧对纹理贴图与模型进行合理的匹配，如图5-167所示。

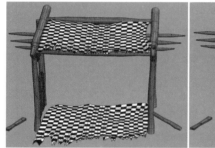

图5-167　布料纹理贴图效果

（25）激活二层城墙侧面的木架体结构的模型，选择木架体结构的主体模型，对其进行UVW坐标的编辑。选择一张木质纹理，对木质纹理的色彩明度、纯度及饱和度进行调整，并将其指定给编辑好的UV的主体模型，如图5-168所示。给顶部及侧面的木质模型结构分别进行UVW坐标的编辑。选择前面制作好的木质纹理，将其指定给顶部及侧面的模型，运用缩放及移动工具调整"Gizmo"编辑状态，如图5-169所示。

图5-168　木架木质纹理效果

第5章　室外场景制作——塞外城堡

259

图5-169　木架整体材质纹理效果

（26）对木架体下面的罐子及地毯的纹理材质进行制作。地毯的纹理可采用前面制作好的布料图案，结合UVW坐标进行纹理的适配。罐子的纹理可采用默认的材质球纹理进行设置，调整材质球的色彩及高光，如图5-170所示。

图5-170　布料及罐子的材质效果

（27）选择二层城墙左侧晾衣架的组合模型结构，从材质库中选择编辑好的木纹、布纹、石纹等纹理作为晾衣架的基础纹理，如图5-171所示。根据模型的结构特点分别对不同造型的模型进行UVW坐标的编辑，注意结合棋盘格纹理检测UV分布的合理性。将选定的材质纹理赋予给晾衣架模型，如图5-172所示。

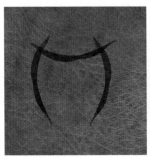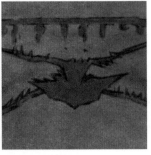

图5-171　晾衣架材质纹理效果

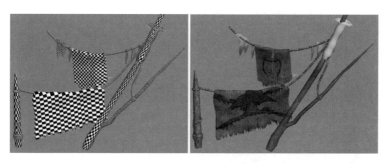

图5-172　晾衣架UVW展开及材质纹理效果

（28）根据城堡场景原画设计需求，接下来对城堡第三层的建筑——小木屋的UVW进行坐标编辑。编辑小木屋主体柱子的UVW坐标，同时从编辑好的材质库中选择木质纹理，结合模型结构对柱子进行材质纹理调节，如图5-173所示。对小木屋侧面的木块纹理进行UVW坐标编辑，同时从材质库中选择编辑好的木质纹理，将其指定给侧面的木块模型。调整木纹的色彩明度、纯度及饱和度，结合灯光渲染进行细节的刻画，如图5-174所示。

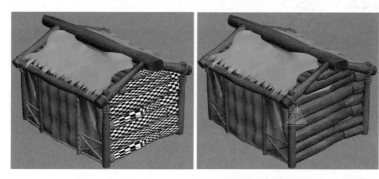

图5-173　小木屋主体模型UVW编辑及材质效果

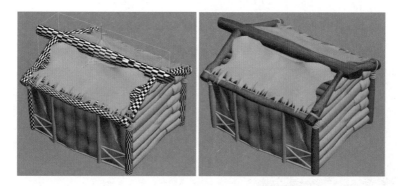

图5-174　小木屋侧面的木块纹理效果

（29）对小木屋顶部及小木屋前面的布料进行UVW编辑。结合前面制作布料纹理的思路，从材质库选区两张不同纹理的布料图案，对布料纹理色彩的纯度、明度及饱和度进行细节的调整，如图5-175所示。分别指定材质纹理给小木屋顶部布料模型及小木屋前面的布料模型，结合UVW编辑工具调整纹理在模型中的材质变化，如图5-176所示。

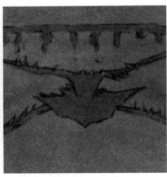

图5-175　布料纹理效果

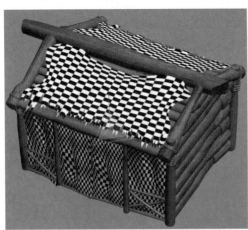

图5-176　木屋整体纹理效果

（30）结合城堡主体模型的材质效果，结合灯光光源变化，对城堡主体亮部及暗部的色彩关系进行刻画。特别是对城堡一层与二层之间主体及装饰物件色彩的纯度、明度及冷暖关系进行刻画，如图5-177所示。显示所有的场景装饰物件，对制作完成的物件进行整体色彩的调整。结合原画对各个部分的材料质感进行刻画，如图5-178所示。

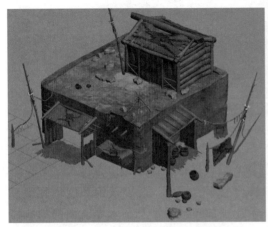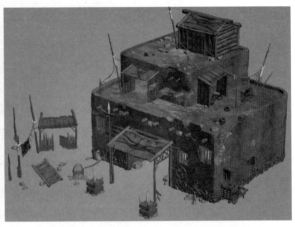

图5-177　城堡主体色彩刻画效果　　　　图5-178　城堡各部分材料质感刻画效果

5.5.3 渲染出图

根据灯光设置渲染输出塞外城堡的整体场景,具体步骤如下。

(1)选择之前创建的平行光,打开 ☑(修改)面板中的"常规参数"卷展栏,设置"阴影"模式为"光线跟踪阴影",通过渲染及时调整灯光的强度。对创建的辅光源也进行同步的参数调整,如图5-179所示。然后按C键切换到摄像机视图,在摄像机视图中调整摄像机的视角,如图5-180所示。按F10键调出"渲染设置"面板,设置好参数,如图5-181所示。

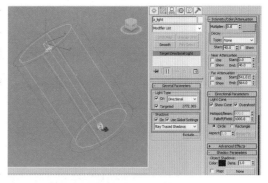

图5-179 渲染输出灯光参数设置

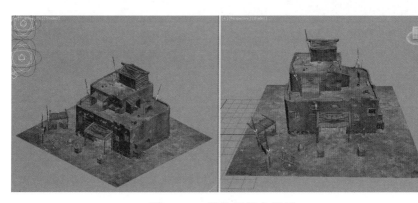

图5-180 摄像机视角设置

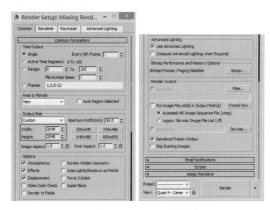

图5-181 渲染输出参数设置

(2)在Photoshop CS6中运用绘制工具及绘制技巧,为场景添加一些特效,比如破损、污渍等效果。特别是要结合灯光的渲染对光影及色彩冷暖关系进行整体调整,使场景看起来更加的真实和自然。最终效果如图5-182所示。

图5-182 塞外城堡场景最终效果

小结

本章介绍了写实室外场景的制作流程和规范，重点介绍写实三维场景物件的模型结构、UV编辑处理以及色彩绘制的特点，并结合实例讲解了如何使用3DS Max建模、UVW的编辑思路，以及三维模型灯光渲染、绘制纹理贴图的技巧。通过对本章内容的学习，读者应对下列问题有明确的认识。

（1）掌握室外场景模型的制作原理和应用。

（2）了解三维场景在影视、动漫、游戏等领域的应用。

（3）了解室外场景UVW编辑的技巧。

（4）掌握场景物件灯光设置的技巧及渲染的流程。

（5）掌握场景物件纹理材质的绘制流程和规范。

练习

根据本章室外场景塞外城堡模型的制作及UV编辑技巧，结合Photoshop绘制纹理贴图的流程，从光盘中选择一张室外场景建筑或物件原画进行模型制作，掌握UVW展开及编辑、灯光渲染烘焙、材质纹理制作的技巧。

第6章 室内场景制作——西式婚房

本章以对室内写实三维场景——西式婚房为例,重点讲解了室内三维场景模型制作规范和材质绘制技巧,以及V-Ray高级渲染在三维场景模型、灯光、材质制作方面的技巧及流程规范。

- ● 实践目标
- – 了解西式婚房模型的制作规范及制作技巧
- – 掌握西式婚房UVW编辑及贴图绘制技巧
- – 掌握西式婚房灯光设置及材料纹理的应用
- ● 实践重点
- – 掌握西式婚房模型制作流程及制作技巧
- – 掌握西式婚房材质制作技巧
- – 掌握三维场景灯光设置技巧及Vray高级渲染的应用
- ● 实践难点
- – 掌握西式婚房模型制作、UV编辑流程及灯光设置技巧
- – 掌握西式婚房写实材质的绘制技巧及应用

三维场景设计与制作

  本章通过对西式婚房主体建筑模型及建筑装饰物件制作流程的讲解，使读者掌握室内场景模型结构设计及室内场景焦点透视原理的应用。西式婚房场景材质渲染效果如图6-1所示；西式婚房明暗渲染效果如图6-2所示。

图6-1　西式婚房场景材质渲染效果

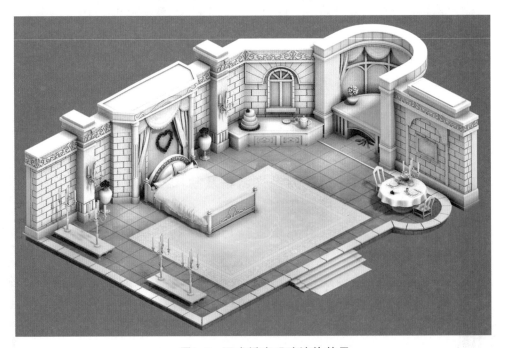

图6-2　西式婚房明暗渲染效果

根据项目需求，在制作西式婚房场景之前需要结合文案描述对原画设计进行框架结构分析，剖析要制作场景的美术风格及制作流程。西式婚房场景文案描述如表6-1所示。

表6-1 西式婚房场景文案描述

名 称	西式婚房
用 途	为皇室贵族设计的婚房
简 述	西式婚房在场景模块分类中属于功能性建筑，具有非常鲜明的西方魔幻风格的艺术特色。其造型中丰富多样，在写实的基础上又有自身独特的结构造型特色，墙壁与周边装饰物件的整体色彩关系突显出浓郁的婚庆气息
注 释	西式婚房美术风格定位为魔幻写实风格，有西方建筑特有的风格特点。魔幻场景概念设计的艺术表现，在本场景制作被广泛应用
材质属性	掌握墙壁石纹、布料、木纹、玻璃等的纹理质感表现，熟悉材质球"Diffuse"及"Bump"通道混合纹理及灯光渲染效果，灵活运用不同材质的制作技巧及规范流程

本例的制作重点是把握室内场景的透视原理及室内空间设计的需求。结合前面制作三维场景的技巧及规范流程，西式婚房的整体制作分为三大环节：①西式婚房场景模型的制作；②西式婚房模型UV的编辑；③材质的灯光渲染及纹理质感的表现。

6.1 西式婚房结构分析

在制作场景模型之前，需要根据文案需求并结合场景空间原画设计对西式婚房模型的基本结构进行分解，以便在后续材质制作时能更好地把握整体与局部之间的结构关系。西式婚房由两部分构成：①西式婚房主体建筑模型；②西式婚房装饰物件的模型。西式婚房原画结构分解如图6-3所示。

图6-3 西式婚房原画结构分解

6.2 单位设置

在制作之前，根据项目要求和三维场景模型材质制作技巧及规范流程设置场景的系统参数，包括单位尺寸、网格大小、坐标定位及渲染输出等选项。具体操作步骤如下。

（1）进入3DS Max2016操作界面，执行菜单中的"Customize"|"Unit Setup"命令，在弹出的"单位设置"对话框中单击"公制"，再从下拉列表框中选择"Meters"命令，如图6-4所示。单击"系统单位设置"按钮，在弹出的对话框中将系统单位比例值设置为"1Unit=1.0Meters"，单击"确定"按钮，如图6-5所示，从而完成系统单位设置。

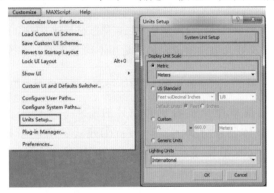

图6-4 单位设置对话框　　　　　　图6-5 设置系统单位

（2）设置系统显示内置参数，这样可在制作中看到更真实（无须通过渲染才能查看）的视觉效果。方法：执行菜单中"Customize"|"Preferences"命令，弹出"首选项设置"对话框，单击"Viewport"（视口）标签，如图6-6所示。然后单击"显示驱动程序"下的"选择驱动程序"按钮，如图6-7所示，选择"Direct3D9"选项，从而完成显示设置。

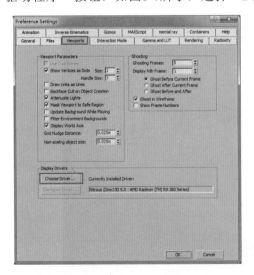

图6-6 Viewport（视口）选项卡　　　图6-7 选择"Direct3D9"选项

6.3 制作西式婚房模型

根据原画场景空间设计要求，西式婚房模型可分为三个部分：室内地面及墙壁模型、场景中心物件模型、装饰物件。场景中心物件模型包括婚床、烛台、餐桌椅等模型。装饰物件有花瓶、蛋糕、画框等模型。

6.3.1 西式婚房基础模型的制作

根据西式婚房原画设计的整体需求，此部分我们运用二维曲线结构和三维多边形模型相结合的方式完成西式婚房基础模型的制作，注意室内场景建筑结构透视原理的应用。下面按照由内及外，由主到次的顺序逐步完成西式婚房主体模型的形体结构制作。

（1）制作西式婚房地面基础框架模型。西式婚房属于比较特殊的室内空间结构，主体建筑与各附属空间布局有非常明确的定位。打开3DS Max2016软件，单击 ▦（创建）面板下的 ▢（几何体）中的"（Box）长方体"按钮，在顶视图创建一个长方体模型，然后设置其半径、高度、高度分别为20m、24m、10m，设置端面分段和边数分别为2、2、1。在 ✛（移动）键右键单击。在弹出的菜单中把长方体的坐标调整为（0，0，0）。按照同样的思路在地面上面创建一个长方体作为地板砖的基础模型，然后调整长方体长宽高的比例，如图6-8所示。

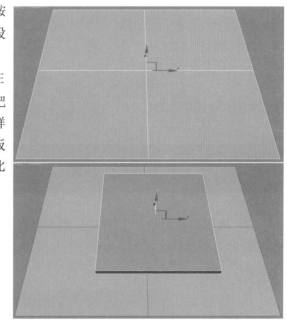

图6-8 创建地面及地砖基础模型

（2）创建场景侧面墙体的基础模型。单击"（Box）长方体"按钮，在侧面创建一个长方体模型，调整长方体的长宽高的比例，使其与地面及地砖模型进行统一协调，如图6-9所示。选择地面及地砖长方体基础模型，按M键打开材质编辑器，然后选择默认的材质球，再单击 ▦（将材质指定给选定对象）按钮，分别指定默认材质球的基础色彩。接着选择墙面长方体模型，按住Shift键拖动 ✛ 键，复制模型作为转角的结构并将其移动到合适的位置，如图6-10所示。

第 6 章 室内场景制作——西式婚房

269

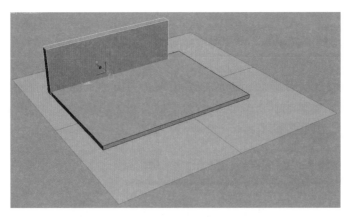

图6-9 场景侧面墙体基础模型创建

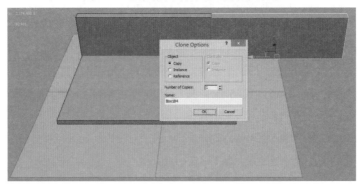

图6-10 转角模型复制

注：创建大体模型结构的时候要多结合原画的设计进行比例结构的调整，以便在后续细节制作时能更为准确地定位。

（3）结合原画结构设计对墙体模型转角的结构进行编辑。将创建的长方体模型转换为可编辑的多边形，进入点层级 （点层级）对墙体转折部分的结构进行调整，如图6-11所示。

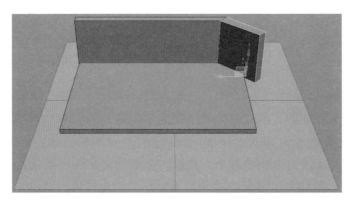

图6-11 转角部分模型结构调整

（4）根据原画结构设计要求，对墙体中的柱状窗台模型结构进行定位。单击█（创建）面板下的◎（几何体）中的Cylinder按钮，在顶视图中创建一个圆柱体，对圆柱体的半径、高度及分段数进行设置。然后单击✥键进行位置坐标的调整，如图6-12所示。再次对侧面墙体的基础结构进行复制并调整。在视图中鼠标右键单击，从弹出的快捷菜单中选择"转换为|转换为可编辑多边形"命令，将长方体转为可编辑的多边形，如图6-13所示。

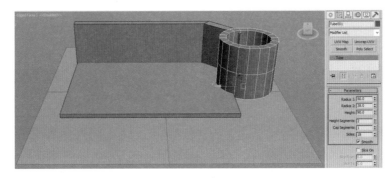

图6-12　柱状窗台基础模型定位

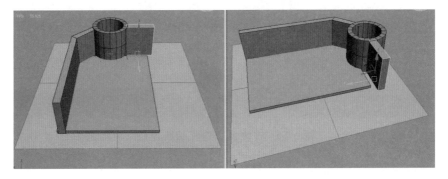

图6-13　墙体模型结构整体调整

（5）对墙角及内嵌结构的模型进行结构定位。进入创建面板，在地面边角位置创建一个圆环模型，结合原画对圆环的基础结构进行形体的调整。注意圆环与地砖衔接部分的模型结构调整，同时对地面台阶模型进行基础制作，如图6-14所示。

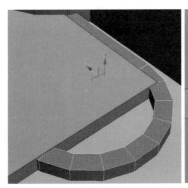
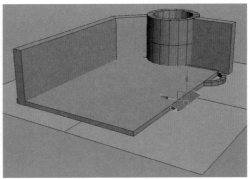

图6-14　地面内嵌基础模型定位

（6）在完成墙体主体模型定位后，接下来根据原画设计对墙体装饰物件的模型结构进行定位。对墙体装饰物件——背景墙的基础模型进行定位。根据结构定位，分别为背景墙正面及两边柱体进行长方体基础模型的创建及初步编辑，分别将模型调整到合适的位置。注意背景墙正面及两边柱体与墙壁结构造型衔接部分的变化，如图6-15所示。对柱体上面的装饰物件进行初步定位，如图6-16所示。

图6-15　背景墙基础模型定位

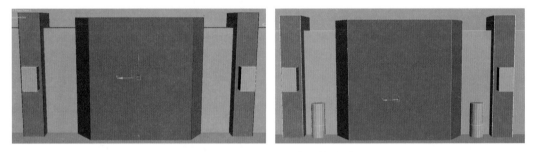

图6-16　柱体装饰物件结构定位

（7）墙角柜台及地面装饰物件的模型进行定位。在墙角位置创建长方体模型，根据原画造型对长方体模型进行编辑。在地面新建多个圆柱体，使用▦（选择并移动）工具和▦（选择并均匀缩放）工具调整圆柱体的造型和位置，如图6-17所示。

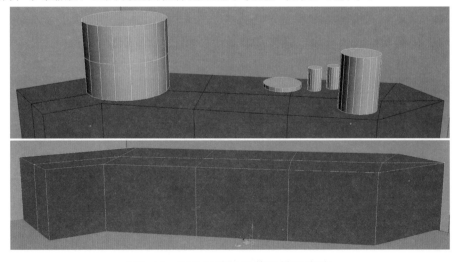

图6-17　柜台及装饰物基础模型定位

（8）对墙体柱状窗台的模型进行调整，进行面的编辑，删除其中一部分的面。对中间隔断的结构进行基础形体的制作，注意处理好隔断与柱体内部结构的衔接关系。对下面的支架模型进行形体结构的定位，如图6-18所示。进一步完成柱体开口处的底座的大体结构模型定位，对场景的长方体运用移动键将其移动复制到相应的位置，注意调整各模型长宽高的比例，如图6-19所示。

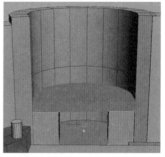

图6-18 柱状窗台基础模型及支架模型定位

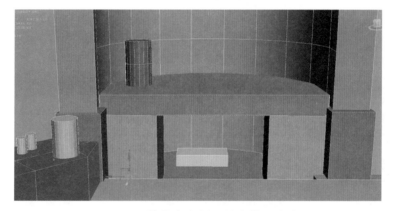

图6-19 柱状窗台侧面柱体模型定位

（9）对墙体侧面装饰物件的基础模型进行定位。在墙体中间位置创建长方体模型并进行长宽高比例的调整。运用移动工具复制长方体基础模型，调整其长宽高的比例，并将布料调整到合适的位置，逐步完善装饰物的基础模型，如图6-20所示。

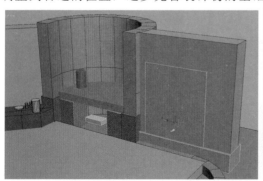
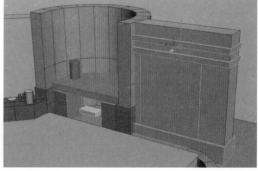

图6-20 墙体装饰物基础模型定位

（10）对场景左侧的烛台进行基础模型的定位，分别给烛台台面及圆柱体制作基础模型。结合原画设计对物体的比例大小及位置坐标进行调整，如图6-21所示。按住Shift键，同时运用移动键对调整完的烛台基础模型进行镜像复制。将复制的模型移动到合适的位置，并与原画设计的位置点进行对比定位，如图6-22所示。

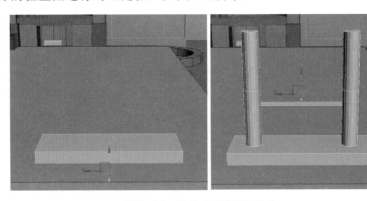

图6-21　烛台基础模型定位

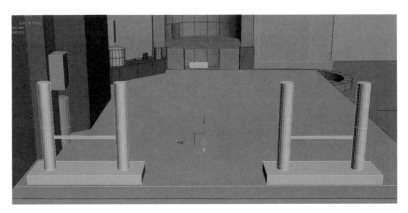

图6-22　烛台基础模型复制定位

（11）在完成烛台基础结构造型后，对场景中心的婚床进行基础模型的定位，在墙体装饰物前面创建长方体及圆柱体分别作为婚床主体及床头靠垫的基础模型。运用移动及旋转工具对长方体及圆柱体模型的位置结合原画进行准确定位。调整长方体及圆柱体基础模型的长宽高比例及分段数的设置，如图6-23所示。

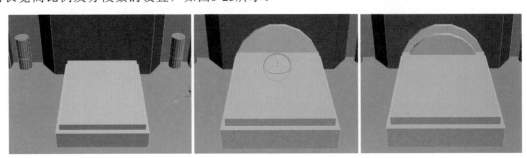

图6-23　婚床基础模型定位

（12）对婚床两头的床板及靠垫进行基础模型的定位。要特别注意床头内侧靠垫及床头圆柱体与长方体模型结构的比例变化及衔接关系，如图6-24所示。

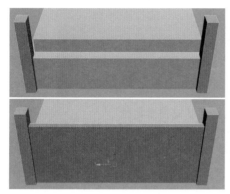
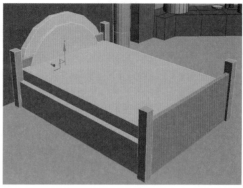

图6-24　床板及靠垫基础模型的定位

（13）对婚床上的枕头及被子的基础模型进行定位。在床头创建长方体模型，调整长方体模型的比例关系，运用移动、旋转工具复制长方体模型并将其调整到合适的位置，图6-25所示。

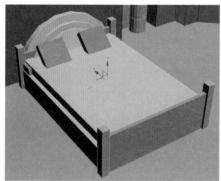
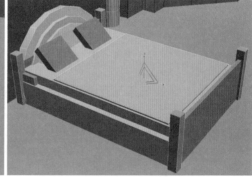

图6-25　被子及枕头基础模型的定位

（14）对场景右下角的圆桌底座进行基础模型结构的定位。给圆桌底部创建两个圆柱体作为稳固架，对圆柱体大小及位置进行合理的调整，如图6-26所示。对圆桌中部及桌面的模型根据原画大小进行基础模型的定位，注意圆桌桌面与场景主体模型的比例关系及空间布局，如图6-27所示。

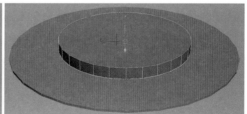

图6-26　圆桌底座基础模型定位

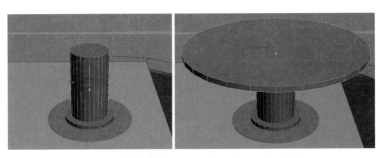

图6-27 圆桌中部主体及桌面基础模型定位

（15）对桌面外侧的桌布进行基础模型的定位。创建圆柱体模型对圆柱的分段数及高度进行基础设置，同时将其调整到与桌面相匹配的位置。右键单击将其转换为可编辑的多边形，进入 （点）层级编辑状态，分隔选择相邻的点对其进行缩放操作，得到桌布的基础模型，如图6-28所示。

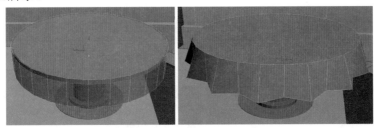

图6-28 桌布模型基础定位及结构调整

（16）对桌布上面的餐具进行基础模型的定位。创建长方体及圆柱体作为碟子、叉、杯子的基础模型，调整长方体、圆柱体的比例关系及分段数的数值。对创建好的模型进行镜像复制并将其移动到合适的位置，如图6-29所示。

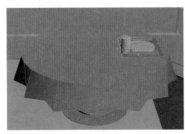 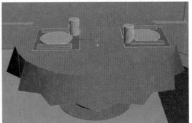

图6-29 餐具基础模型结构定位

（17）对圆桌上的茶壶进行基础模型的定位。创建一个球体与圆环分别作为茶壶及底座的基础模型。注意整体上协调好圆桌与餐具的比例关系，如图6-30所示。

图6-30 茶壶基础模型定位

（18）对圆桌上的烛台进行基础模型的定位。创建圆柱体模型作为烛台的模型。调整圆柱体分段数及高度，运用移动及旋转工具对其位置进行合理的调整。调整烛台支架横梁及蜡烛的模型，如图6-31所示。

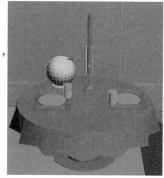
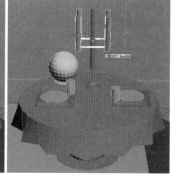

图6-31　烛台基础模型定位

（19）对圆桌旁边的椅子的基础模型进行定位。创建长方体基础模型，结合椅子结构造型变化，多次复制长方体模型，匹配椅子各个部分的结构。运用移动、旋转及缩放工具调整椅子的长宽高比例。对制作好的椅子结合圆桌造型进行镜像复制，得到比较完整的椅子基础造型，如图6-32所示。

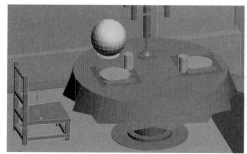
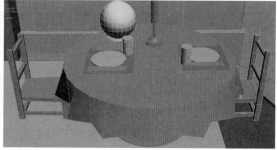

图6-32　椅子基础造型定位

（20）显示婚房内所有模型，根据原画设计对墙体、地板、婚床及桌椅等基础模型进行整体调整，得到比较完善的婚房室内模型，如图6-33所示。

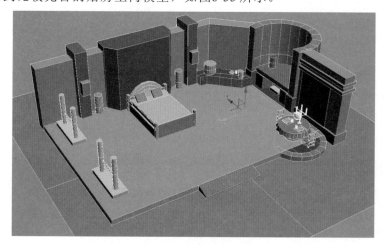

图6-33　婚房室内模型结构调整

第**6**章　室内场景制作——西式婚房

277

6.3.2 西式婚房主体模型刻画

1.婚房地面及墙体模型刻画

根据完成的婚房基础模型和原画设计定位，进一步对婚房地面及墙体模型进行刻画。

为了便于观察和操作，可将暂时不进行刻画的模型隐藏起来。

（1）对地板砖模型进行刻画。在地面单击 ▓（创建）面板下的 ◎（几何体）中的"长方体"按钮，在顶视图中创建一个长方体。设置长方体的长、宽和高的比例及分段数，将其转换为可编辑的多边形物体，进入 ◁（边)层级模式，选择长方体的边并在下拉菜单中执行"倒角"命令，设置倒角边的参数，如图6-34所示。

图6-34 地板砖倒角边设置

（2）创建地板砖外围基础模型。此部分运用二维曲线制作。进入创建面板，选择"Rectangle"按钮，在地板砖块模型周边创建长方形线段，对线段的显示模式及基础参数进行设置，如图6-35所示。

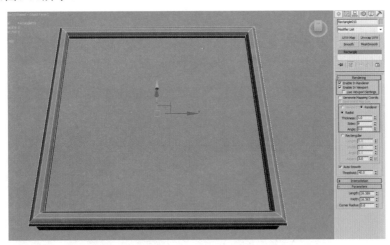

图6-35 地板砖外围结构基础模型制作

（3）将外围模型转换为可编辑的多边形，进入 ◁（边）层级模式，根据原画设计对地板砖外围模型进行调整，对外围边执行"倒角"命令，如图6-36所示。

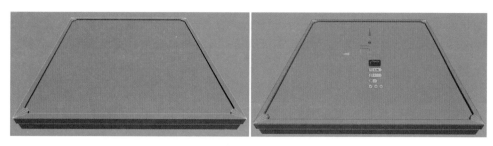

图6-36　地板砖外围模型"倒角"制作

（4）合并砖块及外围模型，结合前面制作的地面基础模型对地板砖模型分别进行横向和纵向复制。设置复制的数量，得到与原画设计合理匹配的地板砖模型，如图6-37所示。

图6-37　地板砖整体模型效果

（5）地板砖侧面模型进行制作。在地板砖边沿位置创建长方体模型并进行基础参数设置，将其转换为可编辑的多边形，进入 ◁（边）层级模式，对长方体所有的边执行"倒角"命令，设置倒角边的厚度变化，如图6-38所示。结合地板砖结构变化，按住Shift使用 ✛（选择并移动）工具对地板砖的侧面模型进行拖动复制，设置复制的数量，如图6-39所示。选择复制的模型拐角进入点线的造型编辑，对相接部分模型进行45度切角结构调整，注意与地板砖块模型的位置合理匹配，如图6-40所示。

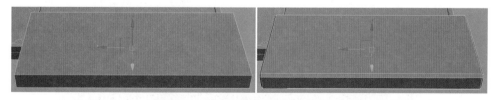

图6-38　地板砖侧面模型"倒角"效果

图6-39　地板砖侧面模型复制效果

图6-40 地板砖侧面拐角模型调整

（6）选择制作好的地板砖侧面模型对其进行合并，按住Shift键执行 ⟳（选择并旋转）命令对侧面模型进行两次旋转复制，将其移动到侧面合适的位置，在制作侧面大转折部分的模型时要结合原画进行调整，如图6-41所示。

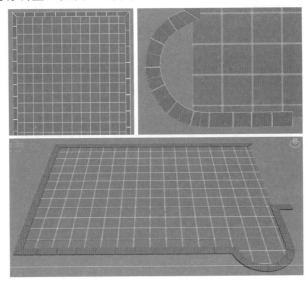

图6-41 地板砖外围模型定位

（7）对地板侧面的砖块模型进行制作。创建长方形基础模型并进行参数设置，对长方体侧面边线进行倒角结构的编辑，如图6-42所示。结合地板砖结构，按住Shift键使用 ⊞（选择并移动）工具对侧面砖块的模型进行拖动复制，设置复制的数量并进行群组。对群组模型运用旋转、移动工具，将其调整到合适的位置，如图6-43所示。

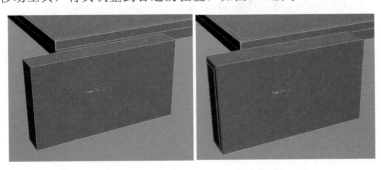

图6-42 地板侧面的砖块模型制作

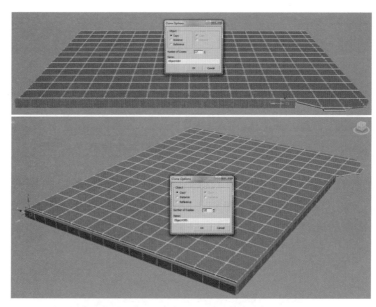

图6-43 地面侧面砖块模型复制调整效果

（8）对地面拐角部分的砖块模型进行制作。制作砖块转折面的倒角结构造型。注意与前面制作的外围砖块模型衔接部分的结构关系，如图6-44所示。

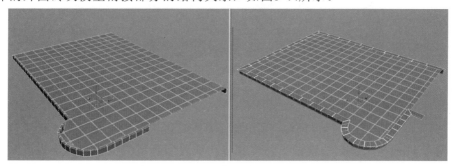

图6-44 地面地砖整体模型调整效果

（9）结合地面整体模型，对前台阶进行基础模型的创建。在地面中间位置创建长方体模型，调整长方体模型的长宽高，进入◁（边）层级模式，选择长方体的边执行"倒角"命令，得到前台阶的模型，如图6-45所示。按住Shift键，同时激活✛（选择并移动）键对台阶进行拖动复制，重复操作两次，调整两级台阶模型的位置使其匹配合理。将台阶侧面的模型结构补全，如图6-46所示。

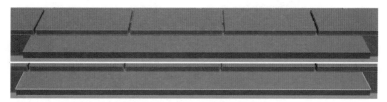

图6-45 台阶模型刻画

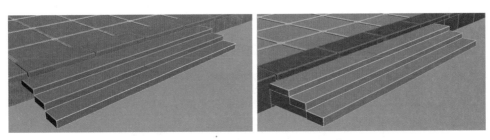

图6-46　阶梯整体模型结构制作效果

（10）对阶梯上的地毯模型进行制作。根据阶梯的结构创建长方体模型，设置长方体的长宽高及分段数，将其转换为可编辑多边形。进入 ◁（边）层级模式，使用 ✛（选择并移动）工具对各阶地毯的过渡结构进行编辑，尽量使地毯与台阶的模型匹配，如图6-47所示。

图6-47　地毯与台阶匹配效果

（11）在完成地面模型的刻画后，接下来对墙体的砖块模型进行制作。在墙体侧面创建长方形物体，进行基础参数的设置，并将其移动放置到合适的位置，转换为可编辑的几何体模型。进入 ◁（边）层级模式，对长方体模型进行"倒角"命令，按住Shift键的同时激活 ✛（选择并移动）工具对长方体进行拖动复制，设置复制的数量，如图6-48所示。对复制的墙体砖块进行群组，结合墙体基础模型，对群组砖块进行整体复制并将其移动到合适的位置，得到比较完整的墙体模型，如图6-49所示。

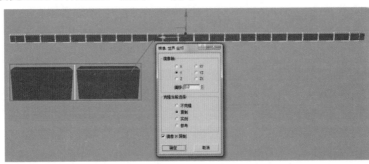

图6-48　墙体砖块基础模型制作

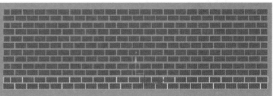

图6-49　墙体整体结构调整效果

（12）对墙体转角及侧面的模型进行刻画。重点对转折处砖块的衔接模型进行调整。结合侧面基础模型对墙面右侧砖块的整体结构进行刻画。注意处理好墙体转折处与其他墙面的关系，如图6-50所示。

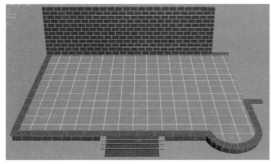
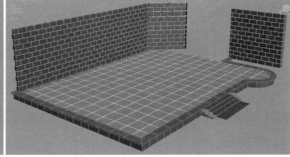

图6-50　墙体整体模型刻画

（13）结合墙体整体模型对后墙的破损画面进行刻画。对后墙内部及外部结构造型进行砖块大小比例的调整，如图6-51所示。

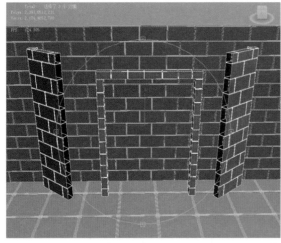

图6-51　后墙砖块模型刻画

（14）对墙角线的模型进行刻画。在墙角新建长方体基础模型，将其转化为可编辑的多边形，进入 （边）层级模式，选择"倒角"命令，整体对墙角边线的厚度进行调整，如图6-52所示。

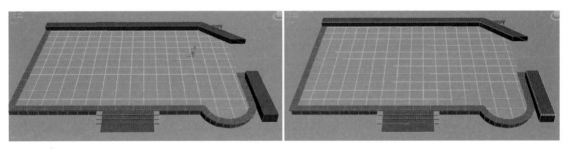

图6-52　墙角线模型刻画

（15）对墙体顶部横梁的模型结构进行制作。在墙体顶部创建长方体基础模型。按照前面方法进行分段数及倒角结构的细节制作。注意处理好横梁与墙体砖块模型的衔接关系，特别是横梁中部及两侧模型的结构变化，如图6-53所示。

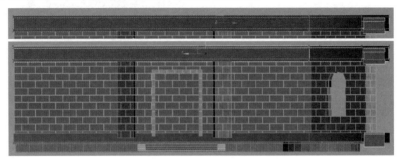

图6-53　墙体横梁模型结构调整

（16）对墙体转折及墙体侧面横梁的模型进行刻画。激活横梁模型然后进入 ⬚（控制点）层级，参照原画，使用 ✛（选择并移动）工具和 ▣（选择并均匀缩放）工具调整横梁侧面模型结构的位置，如图6-54所示。

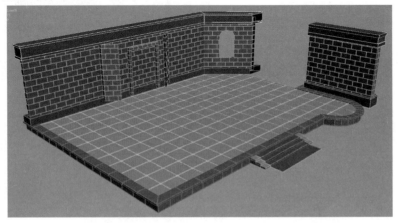

图6-54　墙体横梁整体模型结构调整效果

（17）按照上述同样的制作思路对横梁内嵌装饰物件的模型结构进行制作，并使其与横梁模型进行整体上的匹配，如图6-55所示。

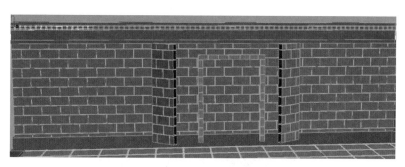

图6-55 横梁装饰物模型结构的制作

（18）制作横梁装饰物件——雕花的模型。从模型库调用一个合适的雕花模型，如图6-56所示。按Shift键的同时，使用 ⊞（选择并移动）工具移动雕花模型到相应的位置，然后在弹出的"克隆选项"对话框中选择"复制"模式。参照原画，使用 ⊞（选择并移动）工具调整雕花的大小和位置，如图6-57所示。

图6-56 雕花精细模型效果

图6-57 雕花与横梁整体匹配效果

（19）制作床头后面的背景墙中间的装饰物及背景墙外边装饰物的模型。创建长方体模型并根据背景墙的结构造型对其进行编辑，从而制作出门帘的模型，如图6-58所示。给背景墙顶部制作模型，按shift键的同时，使用 ⊞（选择并移动）工具拖动复制出第二层绳子的模型，注意处理好该模型与背景墙砖块之间的衔接关系，如图6-59所示。

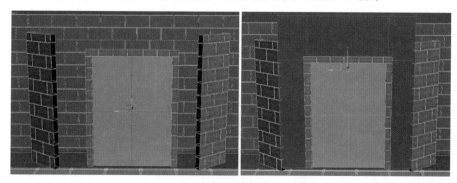

图6-58 背景墙中间的门帘的制作

图6-59 背景墙顶部模型制作

（20）根据原画的整体设计要求，对背景墙顶部内嵌的木箱架模型进行制作，注意处理好木箱架与墙体模型的衔接关系，如图6-60所示。

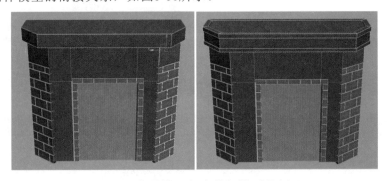

图6-60 背景墙顶部木箱架模型的刻画

（21）对背景墙两侧的柱体进行制作。在背景墙左边转折处创建圆柱体模型作为柱体的基础模型，调整圆柱体的高度及分段数。按shift键的同时，使用 ✛（选择并移动）工具向上拖动创建的圆柱体模型，并对圆柱体半径及高度进行合理的调整。结合原画设计调整柱体模型的结构，如图6-61所示。以背景墙中心坐标作为对称轴，将制作好的左侧的柱体模型镜像复制到右侧合理的位置，如图6-62所示。

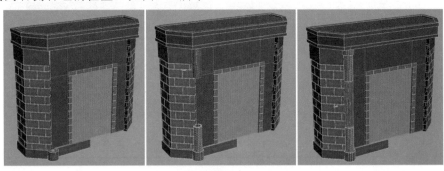

图6-61 柱体模型的刻画

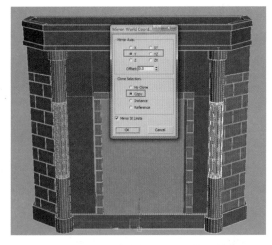

图6-62　柱体镜像复制模型整体效果

（22）制作背景墙装饰物件——幕布。根据原画，在幕布位置创建圆形基础模型，并将其转换为可编辑状态，删除后面的面。同时运用 （选择并缩放）工具对模型结构进行调整，直到与原画设计造型比较贴近为止。复制模型到两边柱体旁边并调整其大小及位置，如图6-63所示。在中间位置创建一个平面作为窗帘，调整平面的长宽比例及分段，将其转换为可编辑的多边形，根据原画调整窗帘模型的结构，如图6-64所示。

图6-63　幕布模型结构细化效果

图6-64　窗帘模型结构制作

第 **6** 章　室内场景制作——西式婚房

（23）对背景墙两边的柱体进行基础模型的制作。在柱体位置创建一个长方体模型，给长方体的边制作倒角结构，同时给长方体的侧面创建装饰性花纹的模型，如图6-65所示。

图6-65　柱体底座模型制作

（24）对柱体中间部分的模型进行制作。特别是在制作有内嵌结构的模型时，要注意把握该模型与整体模型的长宽高的比例，如图6-66所示。

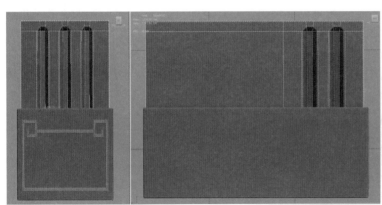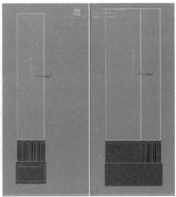

图6-66　柱体中部内嵌结构模型制作

（25）对柱体顶部的模型进行刻画。结合原画对，逐步完成柱体顶部装饰物件的模型制作，如图6-67所示。注意处理好该模型与柱体中部及墙砖衔接处的穿插关系。显示墙砖整体模型，调整柱体在墙体上的位置，如图6-68所示。

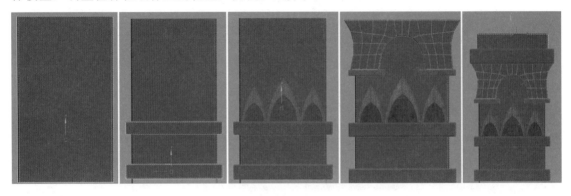

图6-67　柱体顶部装饰物件的模型制作

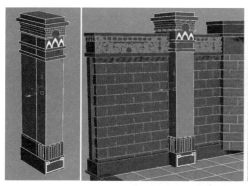

图6-68　柱体及墙体整体调整效果

（26）激活窗台的基础模型，结合原画对窗台各个部分的模型结构进行准确的定位，注意处理好窗户及窗台内部结构的形体变化，如图6-69所示。

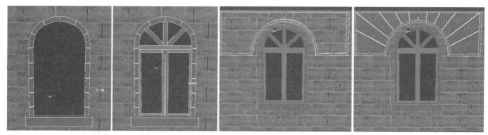

图6-69　窗台模型刻画

（27）对窗台上的圆形柱状模型进行准确定位。在圆台坐标位置创建圆管基础模型。根据原画，调整圆管模型的高度及分段数，进入▣（面）层级编辑状态，删除前面的面，逐步逐层调整圆管外部的模型，如图6-70所示。运用"倒角"命令挤压出柱状窗台底座的模型结构，如图6-71所示。

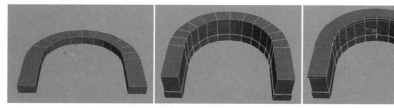

图6-70　底座模型制作

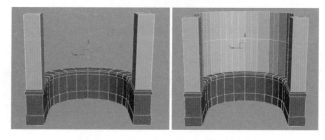

图6-71　窗台中部柱状模型制作

第**6**章　室内场景制作——**西式婚房**

289

（28）结合墙体及背景墙的整体模型，对窗台顶部的柱状模型进行刻画，逐步完成顶部模型结构的制作，如图6-72所示。

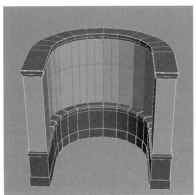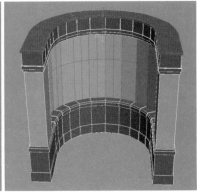

图6-72　窗台顶部柱状模型刻画

（29）根据原画，在柱体中部创建一个圆柱体作为载物台基础模型。设置圆柱体高度及分段数参数，运用多边形编辑技巧对载物台的模型结构进行调整，注意该模型与柱体模型衔接处的合理匹配，如图6-73所示。

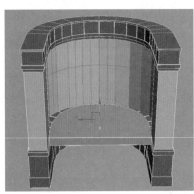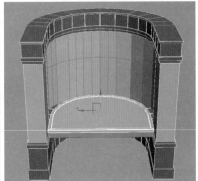

图6-73　载物台模型制作

（30）对载物台下面的壁炉模型进行刻画，结合原画，对壁炉内侧及外部柱体的模型结构进行精细的绘制，注意处理好壁炉内部模型之间的穿插及透视关系，如图6-74所示。

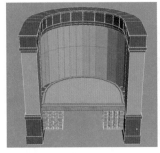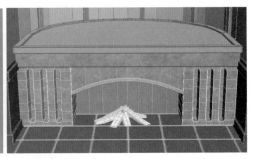

图6-74　壁炉整体模型制作

（31）结合原画对窗台的整体定位，运用多边形建模技巧完成其中部玻璃稳固架及窗帘模型的制作。注意整体把握好各部分模型的前后穿插及透视关系，并对各部分的模型进行合理的位置调整，如图6-75所示。

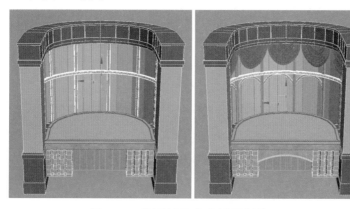

图6-75　稳固架及窗帘模型制作

（32）在完成正面墙体及装饰物件的整体模型制作后，结合原画对侧面墙体的模型进行刻画。此部分可以多复制一些前面制作的物件，根据需求对各部分的模型进行比例结构的调整，得到符合需求的墙体造型，如图6-76所示。

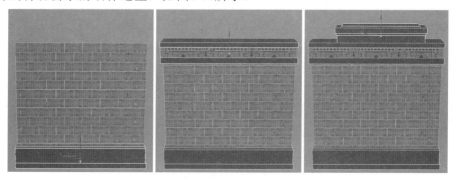

图6-76　侧面墙体模型刻画

（33）对左侧墙面装饰物件的模型进行制作，注意各个部分模型与墙面模型坐标位置的合理匹配。侧面墙壁上的相框及外部装饰物件模型的制作如图6-77所示。对侧面的相框模型进行刻画。相框外部的雕花模型、附带丝带及鲜花模型，如图6-78所示。

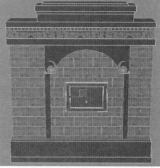

图6-77　侧面装饰物件模型的制作

第**6**章 室内场景制作——西式婚房

图6-78　相框模型的刻画

2.婚房地面附属物件模型刻画

（1）制作茶几的基础模型。单击 面板下 中的"长方体"按钮，在透视图中创建一个长方体。然后在 面板中设置模型的长、宽和高的数值，运用多边形模型的编辑技巧，逐步完成茶几面的基础造型，如图6-79所示。给茶几腿创建基础模型，运用多边形编辑技巧调整茶几腿的造型，得到符合原画定位的模型。对茶几面外部的模型的大小及厚度进行调整，然后反复调整茶几面与茶几腿的组合效果，直到完善为止，如图6-80所示。

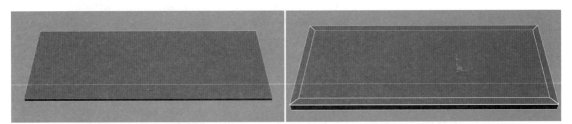

图6-79　茶几面基础模型制作

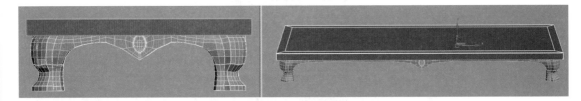

图6-80　茶几整体模型组合调整

（2）制作灯具主体的基础模型。激活二维曲线创建栏，在前视图中新建"Line"基础曲线，对曲线的类型及创建方式进行设置。逐步完成灯具主体外部线段的造型结构。进入编辑面板，在下拉菜单中对曲线的显示模式进行设置，如图6-81所示。进入修改面板，在下拉菜单中选择"Lathe"旋转命令。对"Lathe"的参数进行设置，得到灯具主体的多边形结构，注意通过调整点的位置可得到不同造型的多边形，如图6-82所示。

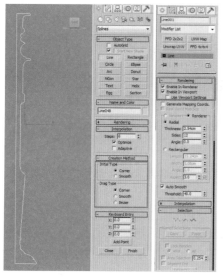  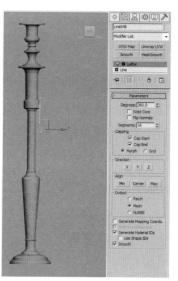

图6-81　灯具二维曲线参数设置	图6-82　灯具主体模型制作

（3）执行"Line"曲线创建命令。在前视图中创建灯具侧面连杆的曲线结构，运用
（选择并移动）工具对其转折部分的点进行曲线的调整，调整显示范围为渲染可视状态。
最后参照原画造型设计对连杆进行微调，如图6-83所示。

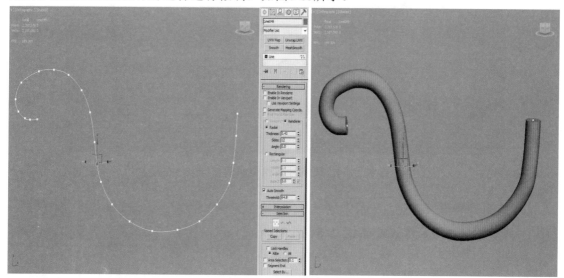

图6-83　灯具连杆模型刻画

（4）制作与连杆相接的灯具侧面的模型。选择已创建好的灯具主体模型，将其转换为
可编辑的多边形，进入面层级状态，复制上面灯托部分的模型。运用 （选择并移动）工
具对复制的灯托模型和连杆的位置进行匹配，如图6-84所示。按照同样的制作思路对灯具
侧面各个方向的模型按照一定的角度进行复制，最后使灯具整体上与茶几模型匹配，如
图6-85所示。

  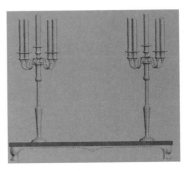

图6-84　灯具侧面灯托模型制作　　　　**图6-85　灯具及茶几整体模型匹配效果**

（5）对制作的灯具模型进行整体打组，按shift键的同时，使用 ▣（选择并移动）工具拖动灯具模型进行复制，将其移动到背景墙柱体中间的位置。然后参照原画，再次使用 ▣（选择并移动）工具拖动灯具模型进行，将其复制移动到背景墙右侧柱体中间的位置，如图6-86所示。

图6-86　柱体灯具模型定位

（6）制作床腿基础模型。在婚床位置单击 ▣（创建）面板下的 ▣（几何体）按钮创建长方体模型。设置长方体模型的长宽高及分段数。进入 ◁（边）层级模式，给长方体的边添加"倒角"命令，选择创建的长方体模型，使用 ▣（选择并移动）工具将其拖动到长方体底部及上部合适的位置进行复制，如图6-87所示。

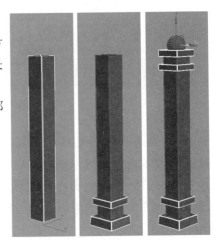

图6-87　床腿模型制作

（7）对婚床主体前面的挡板模型进行刻画。为婚床主体前面的挡板分别创建上部及下部的结构造型。为挡板制作雕花，如图6-88所示。

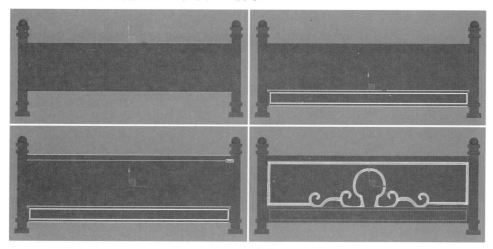

图6-88 婚床主体前面的挡板模型的制作

（8）对婚床主体侧面的挡板模型进行制作。单击 ▓（创建）面板下 ◯（几何体）中创建长方体作为侧面的模型，调整长方体的长宽高及分段数，根据原画设计运用多边形编辑技巧对侧面模型进行结构调整，进入 ▦（顶点）层级，对中间部分的线段进行编辑，如图6-89所示。

图6-89 婚床主体侧面挡板模型的制作

（9）将前面制作的床腿移动到对面的位置使其与侧面挡板匹配。根据原画的设计，对婚床床头的模型进行制作。创建圆柱体基础模型，调整其长宽高。进入 ◁（边）层级模式，运用剪切工具对床头进行刻画，注意床头下部模型结构的调整，如图6-90所示。

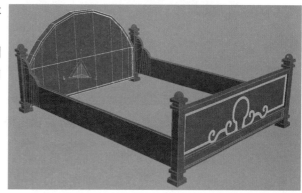

图6-90 婚床床头模型的制作

（10）运用多边形编辑技巧对床头的木架结构及皮质靠垫的结构进行刻画，注意皮质靠垫与木架结构模型的匹配性。从模型库调用雕花模型，运用变形工具使雕花模型与床头木架结构进行精确的定位，如图6-91所示。

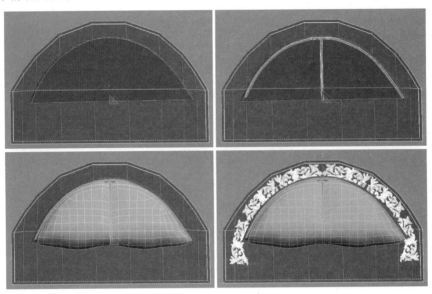

图6-91　床头靠垫整体模型制作

（11）制作床面的模型。在婚床主体框架模型上创建平面模型，设置平面的分段数，并将其转换为可编辑的多边形。为平面添加FFD晶格变形器，进入 Control Points 控制点模式，使用 ⊞（选择并移动）工具调整晶格体床面的造型，注意转折处模型刻画，如图6-92所示。

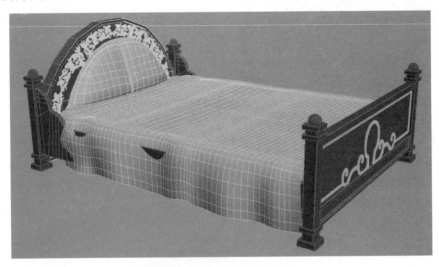

图6-92　床面结构造型制作

（12）创建床面上的枕木及枕头的模型，特别是刻画枕头中间与边缘部分模型的造型。注意枕头与床面位置的合理匹配，如图6-93所示。

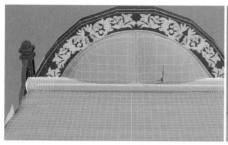

图6-93　枕头模型制作

（13）延续前面制作床单的方法，对床单上被子的模型进行制作。运用移动及旋转工具对被子的模型结构及位置摆放进行合理的调整，制作出被子凹凸不平的造型。执行菜单中的"Group"组的"成组"命令进行模型组合，如图6-94所示。

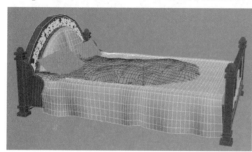
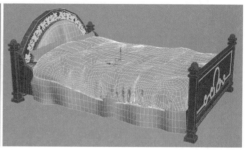

图6-94　被子模型制作

（14）对被子侧面的装饰边的模构进行制作。运用前面的制作思路对被子的模型进行刻画。然后使用移动及旋转工具对被子模型各个层次的结构进行位置的调整及组合，如图6-95所示。

图6-95　被子模型调整效果

（15）对柜子的模型按照前面的制作流程进行制作。注意制作模块时可先制作好柜子主体的框架，然后根据柜子外部装饰结构将柜子整体造型移动到合适的位置，要注意处理好柜子顶部与墙体衔接处的关系，如图6-96所示。结合前面制作帆布模型的思路，对柜子装饰图案的模型进行制作，如图6-97所示。

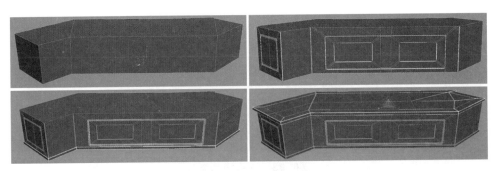

图6-96　柜子模型制作

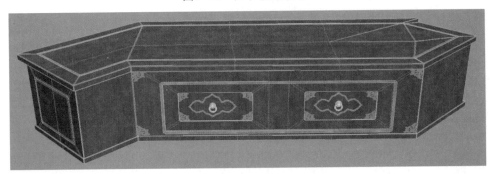

图6-97　柜子装饰图案模型制作

（16）制作室内重要物件——桌子的模型。单击 ▦（创建）面板下 ◯（几何体）中的"圆柱体"按钮，在透视图地面上创建一个圆柱体，调整圆柱体的高度及分段数。重复执行同样的操作，在圆柱体上面依次复制圆柱体并将它们调整到合适的位置，直到制作出桌子的模型，如图6-98所示。

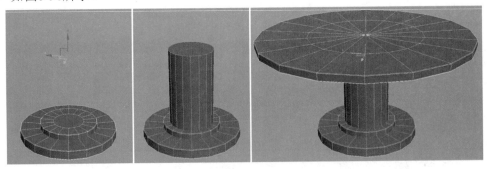

图6-98　桌子的模型制作

（17）根据桌子的模型完成桌布模型的制作。在桌子位置创建圆柱体模型作为桌布的基础模型，对圆柱体半径、高度及分段数的参数进行设置。将圆柱体转换为可编辑的多边形物体，进入 ◁（边）层级，选择圆柱体横向的边，添加"倒角"命令。在桌布侧面添加一圈结构线作为细化的定位线，如图6-99所示。进入编辑面板，在下拉菜单选择"Meshsmooth"（光滑）命令，设置光滑的参数为"2"级，得到细节丰富的桌布模型，如图6-100所示。

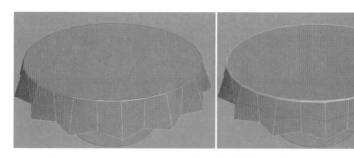

图6-99　桌布基础模型制作

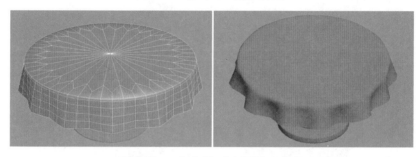

图6-100　桌布模型光滑显示效果

（18）制作桌子上的餐巾和碟子的模型。单击 ⊕（创建）面板下的 ◎（几何体）按钮创建圆柱体模型。设置圆柱体模型的长宽高及分段数，并将其转换为可编辑的多边形。运用多边形编辑技巧逐步制作出碟子的造型。运用同样的方法进行制作餐巾的基础模型。从模型资源库调取叉子的精细模型，将其与碟子、餐巾的模型组合，如图6-101所示。结合灯具模型二维模型的制作思路，调用场景二维曲线执行"Lathe"命令，调整曲线点，得到茶杯的结构造型，如图6-102所示。

图6-101　餐具模型整体制作

图6-102　茶杯模型制作

（19）制作火锅的模型，调用模型库备用的火锅模型，在原有模型的基础上进行局部结构的调整，然后使用 ◈（选择并移动）工具将火锅模型调整到合适的位置。要注意处理好火锅与桌面其他模型的比例及位置关系，如图6-103所示。

图6-103　火锅模型制作

（20）结合原画，对前面制作的灯具的整体模型进行复制，将其移动到桌面合适的位置。结合酒杯、碟子、火锅盆等模型进行大小及位置的合理匹配，如图6-104所示。

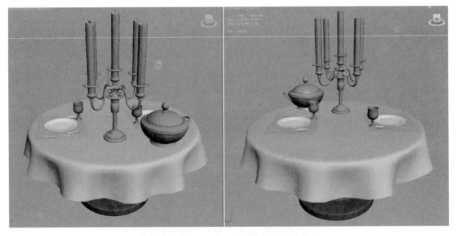

图6-104　桌面所有模型组合效果

（21）制作桌子两侧的椅子模型。结合原画设计的椅子造型，创建长方体作为椅子的基础模型，调整长方体的长宽高，按住Shift键使用 ◈（选择并移动）复制长方体模型，运用 ↻（选择并旋转）及 ▦（选择并均匀缩放）工具对长方体的角度、大小及位置进行匹配，逐步完成椅子

基础模型制作，如图6-105所示。运用多边形的编辑技巧对椅背的模型进行细节调整，使其与桌子的整体比例协调。对椅子模型进行打组，然后将其镜像复制。参照原画将复制的椅子调整到合适的位置，如图6-106所示。

图6-105　椅子基础模型制作

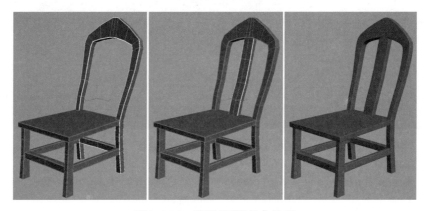

图6-106　椅子模型完成效果

（22）根据原画，从模型资源库选择合适的花瓶及花束模型，将其导入场景，使用▦（选择并移动）工具及▣（选择并均匀缩放）进行模型大小、位置的匹配，注意花瓶摆放位置的合理布局，如图6-107所示。

图6-107　花瓶模型导入及刻画

（23）结合原画，从模型库导入蜡烛模型并将其调整到合适的位置。对柜台上的茶壶、碟子、茶杯等模型进行复制。然后使用 ⊞（选择并移动）工具将这些模型调整到柜子上的相应位置，如图6-108所示。

图6-108　柜子上的模型制作

（24）显示西式婚房内所有模型，运用 ⊞（选择并移动）工具及 ↻（选择并旋转）工具对墙体主体及室内装饰物件的模型进行细节的调整，特别是将一些重复多余的模型删除，然后根据原画要求对模型的比例结构进行准确定位。给制作完成的西式婚房模型指定一个默认材质，设置环境明度，得到明暗关系及形体结构都已完成的西式婚房模型，如图6-109所示。

图6-109　西式婚房模型

6.4 创建灯光和摄像机

（1）创建场景主光源。单击 （创建）面板下 （灯光）中的"目标平行光"按钮，在视图中创建一个主光源，然后使用 （选择并移动）工具调整灯光的位置和角度，再使灯光照亮西式婚房的整体模型，主光源参数设置如图6-110所示。

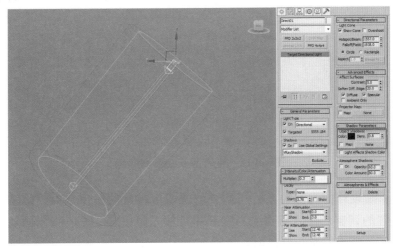

图6-110　创建平行光作为主光源

（2）设置渲染场景的环境颜色及自发光明度。按住键盘上"8"键或执行菜单中的"渲染|环境"命令，在弹出的"环境和效果"对话框中单击"环境光"色块。然后在弹出的"色彩选择器：环境光"设置面板中设置颜色值，如图6-111所示。

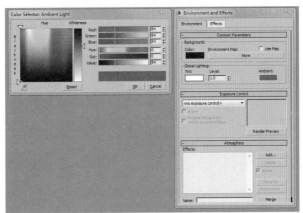

图6-111　"环境和效果"对话框

（3）为场景制作辅助光源。单击 （创建）面板下 （灯光）中的"点光源"按钮，在视图中创建一个点光源，然后使用 （选择并移动）工具调整灯光的位置和角度，再使灯光照亮墙体的整体模型。对点光源的强度及色彩进行设置，如图6-112所示。

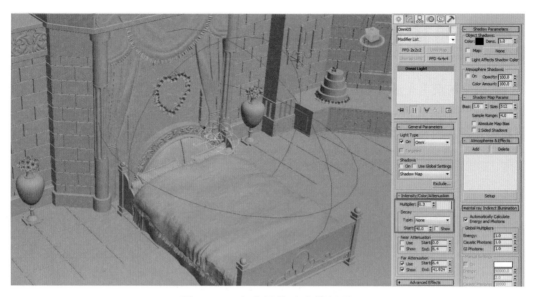

图6-112　点光源基础参数设置

（4）根据原画设计的光源关系，再结合西式婚房模型的整体布局，给婚床两边复制点光源并进行位置的调整。注意对点光源亮部和暗部光源色彩、光照强度的数值进行设置，并通过渲染及时调整不同光源的强度、影响范围，如图6-113所示。

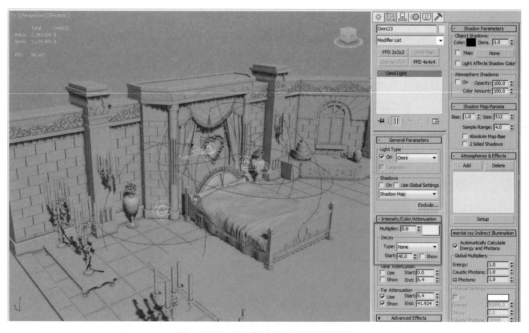

图6-113　环境辅光点光源设置

（5）按照上述思路，给烛台顶部设置点光源。结合渲染调整各个点光源的强度、光源照射的色彩，制作出色彩的明暗变化，如图6-114所示。

图6-114　烛台点光源参数设置

　　（6）对左侧圆柱体窗台及餐桌部分的区域进行辅助光源的设置，注意灯光的强度及色彩要与右侧有所区分。结合主光源的强度变化进行色彩及对比度的调整，尤其要结合模型的位置进行阵列灯光参数的调整，如图6-115所示。

图6-115　左侧场景阵列灯光调整

　　（7）创建摄像机。单击 ■（创建）面板下 ■（摄像机）中的"目标"按钮，在视图中创建一个目标摄像机，然后使用 ■（选择并移动）工具调整摄像机的位置和角度，如图6-116所示。

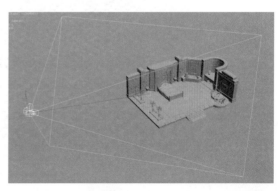

图6-116　切换到摄像机视图观察场景

第6章　室内场景制作——西式婚房

6.5 制作西式婚房场景贴图

本例西式婚房属于高精度模型，细节清晰，因此在Photoshop CS6中制作出不同组成部分的材质贴图后，首先需要把贴图赋予给模型，然后为模型指定相应的"UVW贴图"修改器，最后根据模型表面的贴图显示效果调整贴图坐标，使贴图正确显示。

在制作模型贴图前，需要搜集和整理各种材质的纹理。本例所需的场景贴图文件如图6-117所示，存放于"配套光盘\贴图\第6章 室内场景制作——西式婚房"目录下。

图6-117　贴图纹理文件

6.5.1 制作西式婚房主体建筑材质

（1）制作西式婚房地面的贴图。选择地面砖块的整体模型，执行右键菜单中的"孤立当前选择"命令，将其他模型隐藏，给墙体模型指定一个UVW坐标，在下拉菜单中设置贴图模式为"Box"，给墙体指定一个棋盘格纹理检测UVW的分布效果，如图6-118所示。

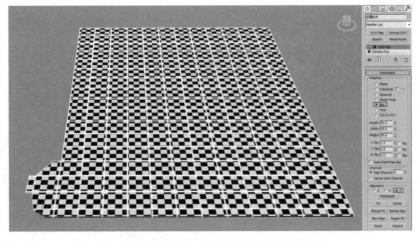

图6-118　UVW棋盘格纹理设置

（2）按下键盘上的M键打开材质编辑器，选择一个空白的材质球，并将材质命名为"地砖"。单击材质窗口右侧的方框，进入材质球"Multi/Sub-Object"混合模式，将其设置为两个材质通道。采用VRayMtl材质输出模式对各个通道进行纹理材质的指定，如图6-119所示。分别为"Multi/Sub-Object"材质球的各个通道指定不同的纹理。注意通过调整不同材质通道的参数可产生不同的材质效果，如图6-120所示。单击"打开"按钮，从而将材质球贴图指定给地面砖块的模型。

图6-119　Multi/Sub-Object材质球设置

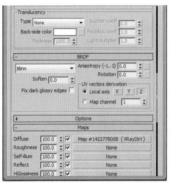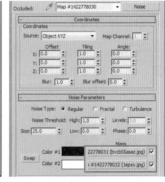

图6-120　地砖的材质通道设置

（3）将设置好的材质球纹理赋予地面砖块模型。选择视图中的地面砖块模型，单击材质编辑器中的▓（将材质指定给选定对象）按钮，将材质赋予给墙体模型，如图6-121所示。然后单击材质编辑器中的▓（在视口中显示贴图）按钮，在视图中显示出贴图，结合灯光渲染调整材质的变化，如图6-122所示。

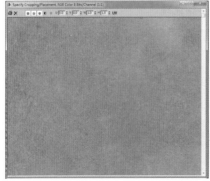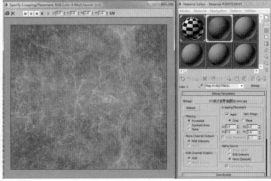

图6-121　地面砖块混合材质通道

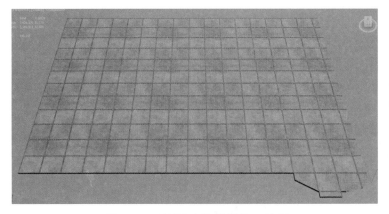

提示：西式婚房场景中的结构和物件模型比较多，因此在后续指定材质的时候需要为不同物件模型合理命名，以便加以区别和管理。

图6-122　地面砖块材质纹理效果

（4）为地面地毯指定坐标及材质纹理。选择地面模型添加"UVW贴图"修改器，再选择"Plar"贴图坐标方式，从贴图资源库中选择一张红色的地毯纹理赋予给地毯模型，如图6-123所示。接着激活"UVW贴图"修改器的Gizmo线框，通过 ✛（选择并移动）工具、↻（选择并旋转）工具和 ▣（选择并均匀缩放）工具控制Gizmo线框，从而达到调整地面贴图的位置、角度和大小的结果，如图6-124所示。

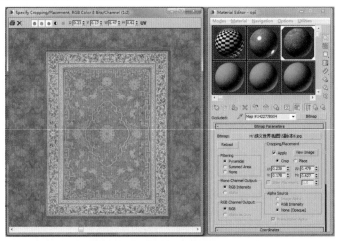

图6-123　赋予地毯材质球纹理

图6-124　地毯模型UVW调整贴图后的效果

（5）结合前面制作地面砖块材质纹理的方法，完成地面外围侧面砖块材质的指定。因地面与周边的材质在属性上有明显的区分，因此可以将地面地砖的材质纹理指定给地面侧面的砖块，如图6-125所示。注意调整侧面砖块"Diffuse"、"Specular"、"Bump"通道参数，并结合渲染对材质效果进行微调。注意结合UVW合理调整地面侧面砖块纹理的精度，如图6-126所示。

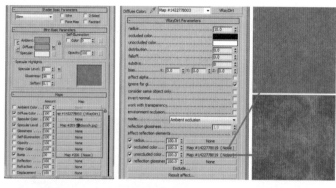

图6-125 地面侧面砖块混合材质纹理指定

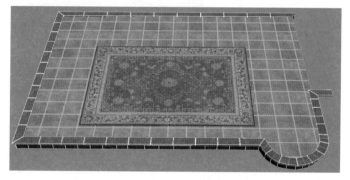

图6-126 地面外围模型材质效果

（6）对地面的木质台阶的纹理进行指定。给台阶模型指定一个UVW坐标，在下拉菜单中将贴图模式设置为"Box"，选定默认材质球，指定一张木质纹理作为台阶的基础纹理。对贴图各个通道的参数进行设置，如图6-127所示。指定材质球给台阶模型，通过调整"UVW贴图"坐标，达到准确显示贴图的目的，效果如图6-128所示。

图6-127 木质纹理指定及纹理通道设置

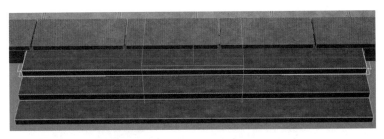

图6-128　台阶木纹UVW调整及材质效果

（7）对台阶附属物件——地毯的模型进行UVW的指定，同时进行UVW整体的调整。从材质库选择一张编辑好的布料纹理指定给地毯模型。结合灯光渲染材质球的参数进行微调，得到地毯展开的材质效果，如图6-129所示。

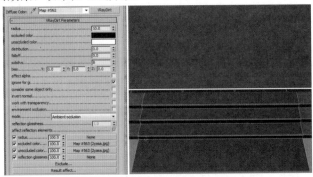

图6-129　地毯纹理材质指定及效果

（8）在完成地面主体部分的纹理材质后，对墙体砖块的材质纹理进行指定。墙砖的材质制作思路与地砖材质属性类似，可从材质库选择两种不同纹理的贴图指定给"Diffuse"、"Specular"、"Bump"材质通道，对层级下面的参数进行调节，如图6-130所示。指定材质球给墙体模型，结合灯光渲染对材质球各个通道的纹理参数进行细节的调整。结合UVW观察纹理结构的匹配是否合理，注意不同部分UVW结构调整产生的材质区分。给墙体横梁指定前面设置好的石质纹理。墙体材质纹理效果如图6-131所示。

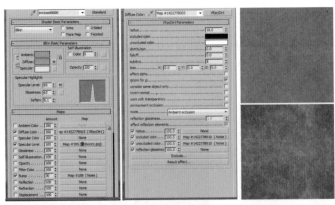

图6-130　墙砖纹理材质纹理指定设置

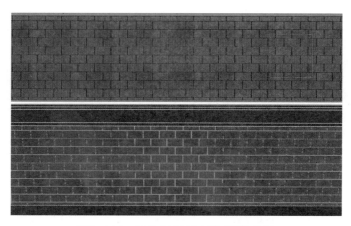

图6-131 墙体材质纹理的调整效果

（9）选择墙体侧面的雕花模型，指定一个默认的材质球，对材质球的"Diffuse"、"Specular"、"Bump"通道进行参数的调整。结合灯光渲染对雕花进行质感的细节调整，注意雕花与墙壁砖块纹理色彩的协调性，如图6-132所示。

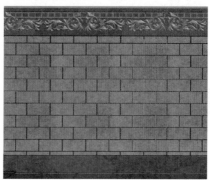

图6-132 墙壁雕花模型材质效果

（10）制作墙柱的材质纹理。激活墙柱底座的基础模型，根据模型结构，对墙柱底座的各个模型分别进行UVW的指定。通过棋盘格检查纹理的合理性。从材质库选择两种编辑好的石质纹理，如图6-133所示。对底座模型材质"Diffuse"、"Specular"、"Bump"通道参数进行设置，如图6-134所示。

图6-133 底座纹理贴图选择

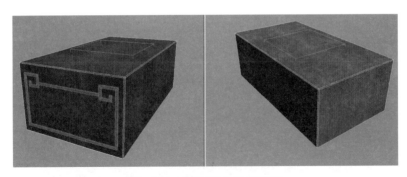

图6-134　底座石质纹理效果

（11）给墙体二级石柱指定UVW坐标及石纹。注意在处理内部结构纹理材质时要结合UVW的编辑进行合理的匹配，避免出现拉伸纹理。墙柱贴图纹理效果如图6-135所示。

图6-135　墙柱贴图纹理效果

（12）对墙柱中部模型的UVW坐标进行指定并调整UV的分布。从材质库选择一张合适的图案指定给材质通道，再使用"UVW贴图"修改材质贴图的显示精度和位置，效果如图6-136所示。

图6-136　墙柱中部材质纹理效果

（13）给墙柱顶部的石块进行UVW的编辑及材质指定。根据原画对材质的定位，墙柱顶部与下部、中部的材质属性不一样，因此在定位顶部纹理的时候要结合原画的色彩设计进行调整，如图6-137所示。

图6-137　墙柱顶部材质效果

（14）给背景墙各个部分的模型进行材质纹理的指定。背景墙的主要材质有石材、布料等。从材质库选择两种破旧的石质纹理，在Photoshop中适度调整材质的明度、纯度及色彩饱和度，选择两个材质球分别指定给不同类型的窗帘模型，如图6-138所示。同时在"Diffuse"及"Bump"通道分别指定纹理给不同类型的窗帘模型的材质通道，得到符合制作需要的材质效果，如图6-139所示。

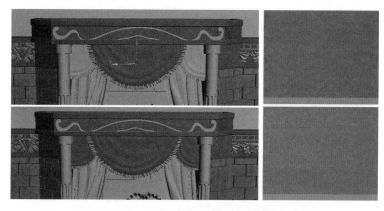

图6-138　窗帘材质纹理效果

图6-139　卷帘纹理材质效果

（15）给背景墙两侧的石柱模型指定UVW坐标及纹理材质。按照前面指定UVW坐标的思路，分别给石柱指定UVW坐标，在下拉菜单中选择"Box"坐标模式，进入"Gizmo"状态，运用 工具对坐标进行位置及轴向调整。从材质库选择两种不同石纹（一种粗纹，一种细纹）作为石柱的基础纹理，如图6-140所示。

图6-140　石柱整体UVW坐标指定及调整

（16）对背景墙的砖块及背景装饰物件各个部分的模型进行材质定位。从材质库选择合适的纹理进行排列。运用Photoshop材质编辑技巧对砖块、花瓣、装饰画等材质的明度、纯度及饱和度进行调整，如图6-141所示。对背景墙各个部分的模型分别指定相应的UVW坐标，同时进行UVW编辑及调整。结合灯光渲染对各个部分的纹理进行色彩明度、纯度及饱和度的调整，如图6-142所示。

图6-141　背景墙装饰物件整体材质效果

图6-142　背景墙整体材质效果调整

（17）对墙体上的窗户木框及玻璃的模型进行UVW坐标展开及编辑。逐步对窗户木框及玻璃进行材质纹理的定位，结合Photoshop对材质纹理进行色彩明度、纯度及饱和度的调整，如图6-143所示。指定设置好的材质球给窗户木架及玻璃模型，同时结合各部分模型UVW编辑，使得模型与纹理得到合理适配，如图6-144所示。

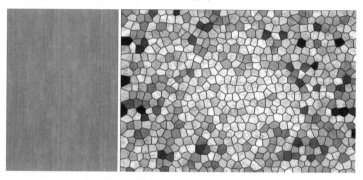

图6-143　窗户木纹及玻璃材质效果

图6-144　窗户模型纹理效果

（18）使用前面已经编辑好的墙柱的材质球指定给窗台侧面柱体上中下三个部分，结合UVW的编辑技巧对模型和材质纹理进行合理匹配。注意运用Photoshop的编辑技巧对两种纹理色彩明度、纯度及饱和度进行细节的调整，特别是"Diffuse"及"Bump"参数的变化，如图6-145所示。

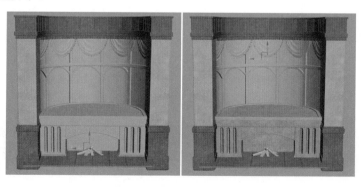

图6-145　窗台侧面柱体材质纹理效果

（19）结合前面制作完成的背景墙上的窗帘和玻璃材质纹理制作技巧，对圆台柱体窗帘及窗户木框进行材质的指定。结合灯光渲染对各个部分模型的亮部及暗部的纹理进行刻画，特别是玻璃部分的纹理要结合UVW的编辑排列进行合理调整，如图6-146所示。

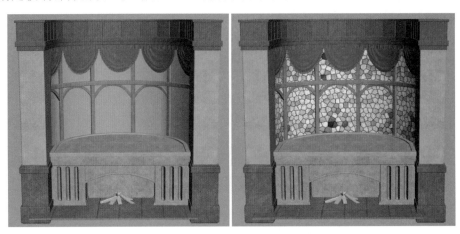

图6-146　圆台柱体整体纹理贴图效果

（20）对墙体上的相框及其装饰花纹的模型进行材质的指定。对相框的整体UVW进行坐标指定，注意不同部位的模型结构不一样，因此指定坐标的时候要结合模型的结构对"Gizmo"进行拉伸矫正。将前面制作的纹理材质分别指定给不同部位的模型，如图6-147所示。

图6-147　相框材质纹理效果

6.5.2 制作西式婚房主体物件材质

（1）对中景放烛台的桌子的模型进行材质的指定。激活桌面的整体模型，从材质库选择两种不同色彩的木质纹理，调整木纹的色彩纯度、明度及饱和度，如图6-148所示。结合原画材质的定位，将整理的木质纹理分别指定给桌面及桌腿的模型。结合灯光渲染对木质纹理进行破损处理。结合灯光渲染调整木纹的纯度、明度及饱和度，如图6-149所示。

图6-148　桌子木质纹理效果

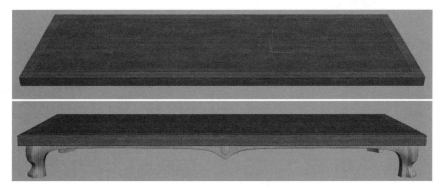

图6-149　桌子质感表现

（2）从材质库选择金属及布料材质的纹理对烛台的金属材质及其上的飘带材质进行刻画。结合金属材质球参数及灯光渲染的效果对材料质感进行微调，如图6-150所示。

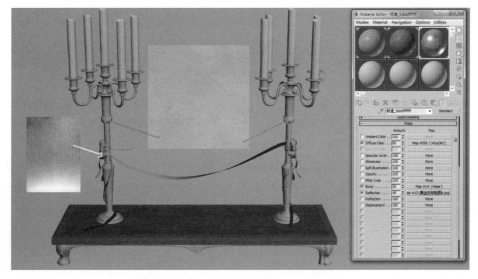

图6-150　烛台主体及飘带材质效果

第6章　室内场景制作——西式婚房

（3）对蜡烛的材质纹理进行制作。蜡烛属于半透明材质，与其他部分的材质属性不一样。对蜡烛材质球的"Diffuse"、"Specular"、"Bump"通道分别指定两种材质纹理并进行参数微调，如图6-151所示。在指定材质球通道的时候要结合地面灯光渲染对纹理进行调整，特别要调整高光及反光色彩。结合蜡烛不同造型进行UVW的编辑，如图6-152所示。

图6-151　蜡烛材质纹理效果

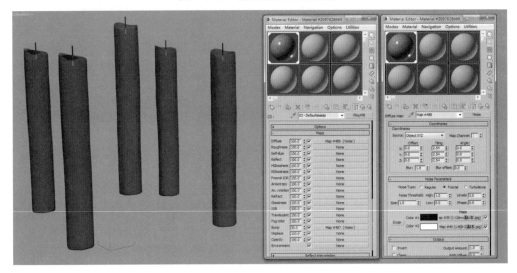

图6-152　蜡烛材质球纹理通道指定

（4）对婚床的整体模型进行UVW的编辑及材质纹理的指定。婚床可分为木架、被子、枕头、装饰边角等模型，每个部分都有不同的材质属性。选择木架模型，从材质库选择两种不同色彩的木质纹理指定给木架模型，如图6-153所示。给木架指定相应的UVW坐标，结合棋盘格纹理检测木架模型各部分UVW之间匹配的合理性。根据灯光渲染对木质纹理进行通道参数的设置，如图6-154所示。

图6-153　婚床木架材质纹理指定

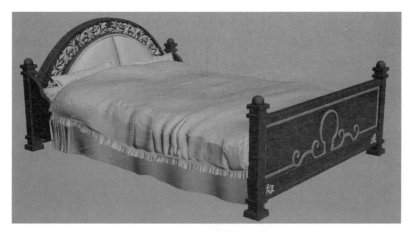

图6-154　木架材质效果

（5）对婚床上面的靠垫、被子及雕花的模型进行整体UVW的展开及编辑。从材质库选择一种布纹作为靠垫及被子的基础材质，结合UVW编辑技巧对纹理与模型进行匹配。在"Diffuse"及"Bump"通道调整布纹及杂点纹理色彩的明度、纯度及饱和度。为雕花指定一个默认材质球，设置材质球的基础色彩并对"Diffuse"及"Bump"通道的参数进行调整。靠垫的材质效果如图6-155所示；被子的材质效果如图6-156所示。

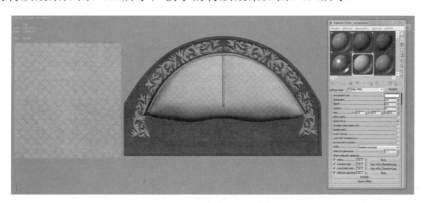

图6-155　靠垫的材质效果

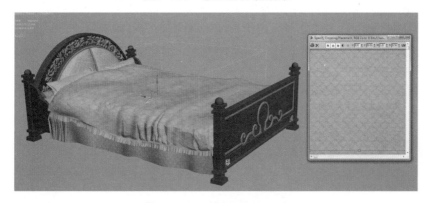

图6-156　被子的材质效果

（6）给靠垫下面的枕木指定一种布料纹理，结合UVW编辑技巧对模型与纹理进行匹配。注意要枕木的纹理与其他部分的布料纹理有所区别，最后结合灯光渲染对枕木纹理的色彩明度、纯度及饱和度进行调整，如图6-157所示。

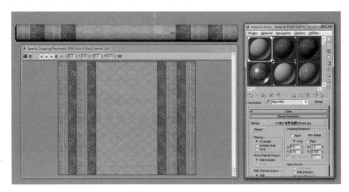

图6-157　枕木布料纹理材质效果

（7）对被子边角装饰的纹理进行刻画，对墙体侧面的装饰物件进行UVW指定及编辑，材质纹理采用前面制作的木纹及布纹，注意结合UVW编辑对材质进行细节调整。被子装饰边纹理效果如图6-158所示。

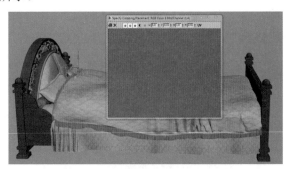

图6-158　被子装饰边纹理效果

（8）对墙角柜的UVW坐标进行指定及编辑。选择柜子的主体模型及装饰物件并指定UVW展开坐标，运用UVW编辑技巧对柜子的UV进行合理排布。然后从前面制作的纹理中选择两种不同材质属性的木纹分别指定给模型，效果如图6-159所示。

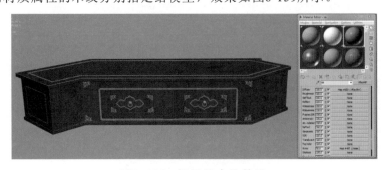

图6-159　柜子的木纹效果

（9）选择柜子上面的蛋糕的模型。分别对每一个部分进行UVW坐标展开及编辑。从材质库选择两种不同纹理的材质分别作为花朵及蛋糕的基础纹理，如图6-160所示。将蛋糕及鲜花的纹理分别指定给两个材质球，结合灯光渲染分别对"Diffuse"及"Bump"通道进行参数调整，如图6-161所示。

图6-160　蛋糕及鲜花纹理效果

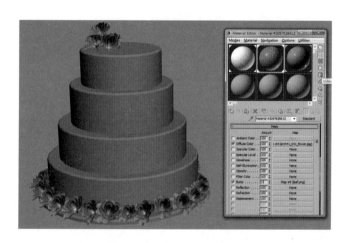

图6-161　蛋糕及鲜花材质调整效果

（10）对花瓶的模型进行材质纹理的定位。将花瓶的UVW坐标展开，根据模型的结构，采用"Cylindral"坐标轴指定并编辑。调用花纹赋予给模型，通过UVW中"Gizmo"状态与模型结构进行位置的匹配，如图6-162所示。

图6-162　花瓶纹理效果

（11）对花瓶中的花朵及绿叶的模型进行UVW的展开及编辑。从材质库选择两种符合原画的材质纹理指定给花朵及叶子的材质球。结合Photoshop的编辑技巧对色彩的明度、纯度及饱和度进行调整，如图6-163所示。将设置好通道的材质球分别指定给花朵及叶子模型，结合灯光渲染对花朵及叶子的整体色彩进行调整，如图6-164所示。

图6-163　花朵及叶子纹理的材质球设置

图6-164　花朵及叶子的整体材质效果

（12）对柜子上的瓷器（主碟子、茶杯、茶壶）的模型进行UVW的展开及编辑。从材质库选择3种不同材质属性的纹理作为组合物件的基础纹理。结合前面指定纹理给材质球的方法，分别对各瓷器的"Diffuse"及"Bump"通道进行参数调整，如图6-165所示。结合灯光渲染对碟子、茶杯、茶壶的材质进行指定，结合整体花瓶材质效果调整柜子上的瓷器的色彩明度、纯度及饱和度，如图6-166所示。

图6-165　碟子、茶杯、茶壶的基础纹理效果

图6-166 碟子、茶杯、茶壶的材质纹理效果

（13）对餐桌和餐椅的模型进行UVW展开及编辑。由于餐桌及餐椅的整体模型纹理为木质纹理，因此可将前面制作好的木纹材质球指定给餐桌和餐椅的模型。结合灯光渲染进行纹理色彩明度、纯度及饱和度的调整，如图6-167所示。

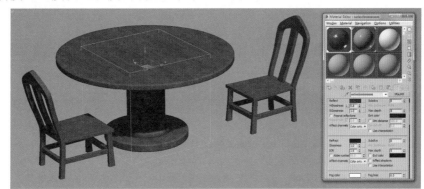

图6-167 餐桌、餐椅整体材质效果

（14）选择餐桌上的桌布模型，从材质库选择一种花纹指定给模型。根据桌布模型结构进行UVW坐标展开及编辑。进入"Gizmo"编辑状态，结合模型结构进行UVW的排列，使花纹与桌布模型进行匹配，如图6-168所示。

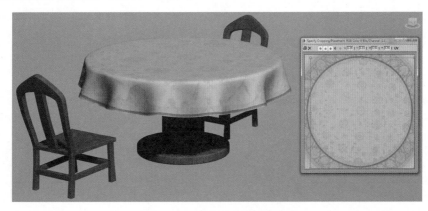

图6-168 桌布纹理贴图效果

（15）接下来对餐桌上的灯具、火锅、茶杯等模型的UVW进行坐标展开及编辑，结合模型结构进行材质纹理精度调节，在Photoshop里调整各个部分的色彩明度、纯度及饱和度，结合灯光渲染进行细节的调整，如图6-169所示。

图6-169　餐桌整体模型材质效果

（16）显示西式婚房整体模型的材质纹理效果，结合主光源及辅光源变化，结合VRay高级渲染模式对西式婚房主体亮部及暗部的色彩进行刻画。结合原画的色彩关系对各个部分的材质进行刻画，如图6-170所示。

图6-170　西式婚房整体色彩刻画效果

6.5.3 渲染出图

（1）根据灯光渲染输出西式婚房的整体场景。选择之前创建的平行光，打开 （修改）面板中的"常规参数"卷展栏，设置"阴影"方式为"光线跟踪阴影"，通过渲染及时调整灯光的强度。对创建的辅光源的参数进行调整，如图6-171所示。按下键盘上的C键切换到摄像机视图，在摄像机视图及透视图中调整摄像机的视角。从不同的角度设置摄像机，如图6-172所示。

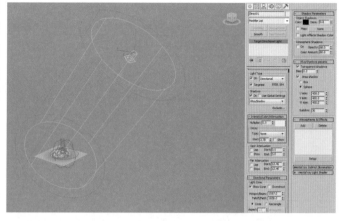

图6-171　设置渲染输出灯光的参数

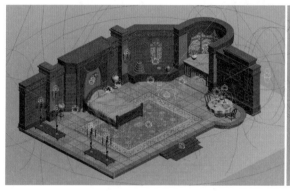 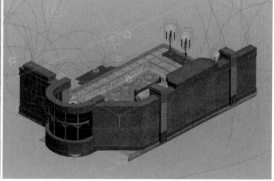

图6-172　设置摄像机的视角

（2）按F10键调出"渲染设置"面板，对整个场景进行全局渲染，同时结合VRay高级光影跟踪渲染器设置，进行多层次渲染。反复调试主光源及各个部分辅光的强度及色彩，如图6-173所示。

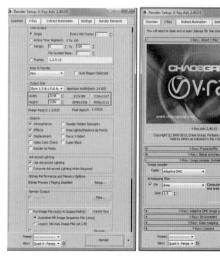

图6-173　渲染输出参数的设置

第 6 章　室 内 场 景 制 作——西 式 婚 房

（3）在Photoshop中运用绘制工具，为场景添加一些特效，比如破损、污渍等纹理，特别是要结合灯光的渲染对光影及色彩冷暖关系进行整体的调整，使场景看起来更加真实、自然。西式婚房最终渲染效果，如图6-174所示。

图6-174　西式婚房最终渲染效果

小结

本章以西式婚房的制作流程和规范为例，重点介绍写实三维场景的模型制作、UV编辑以及色彩绘制的技巧，通过本章内容的学习，读者应对下列问题有明确的认识。

（1）掌握室内场景模型的制作原理和应用。

（2）了解三维场景在影视、动漫、游戏等领域的应用。

（3）了解室内场景UVW展开及编辑的技巧。

（4）掌握场景物件灯光设置的技巧及渲染的规范流程。

（5）掌握场景物件纹理材质的绘制流程和规范。

（6）重点掌握三维场景中VRay渲染及材质球的应用技巧。

练习

根据本章室内场景西式婚房模型的制作及UVW编辑技巧，结合Photoshop绘制纹理贴图的流程，从光盘中选择一张室外场景建筑或物件原画进行模型制作，掌握UVW展开及编辑、VRay高级灯光渲染烘焙、材质纹理制作的技巧。